古建艺术概观

王渝生　主编

中国大百科全书出版社

图书在版编目（CIP）数据

古建艺术概观 / 王渝生主编 . -- 北京 ：中国大百
科全书出版社，2025. 1. -- ISBN 978-7-5202-1752-1

Ⅰ．TU-092.2

中国国家版本馆 CIP 数据核字第 2025AC2350 号

出　版　人：刘祚臣
责任编辑：黄佳辉
责任校对：张恒丽
责任印制：李宝丰
出　　　版：中国大百科全书出版社
地　　　址：北京市西城区阜成门北大街 17 号
网　　　址：http://www.ecph.com.cn
电　　　话：010-88390718
图文制作：北京杰瑞腾达科技发展有限公司
印　　　刷：唐山富达印务有限公司
字　　　数：100 千字
印　　　张：8
开　　　本：710 毫米 ×1000 毫米　　1/16
版　　　次：2025 年 1 月第 1 版
印　　　次：2025 年 1 月第 1 次印刷
书　　　号：978-7-5202-1752-1
定　　　价：48.00 元

编委会

主　编：王渝生

编　委：（按姓氏音序排列）

程忆涵　杜晓冉　胡春玲　黄佳辉

刘敬微　王　宇　余　会　张恒丽

目录

第七章　明清建筑

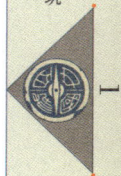

第一章 原始社会建筑

［一、半坡遗址］

中国新石器时代仰韶文化的遗址。位于陕西省西安市浐河东岸的半坡村。1954～1957年发掘。为中国首次大规模揭露的新石器时代聚落遗址。早期遗存内涵丰富，年代为公元前4800～前4300年，仰韶文化的半坡类型即以此而得名；晚期遗存较少，属仰韶文化西王村类型（或称半坡晚期类型）。1961年国务院公布此遗址为全国重点文物保护单位。

半坡类型的遗迹　半坡类型遗存主要是大型聚落。外围有宽约6～8米的大围壕，内为居住区，发现46座房屋、大量坑穴和儿童瓮棺葬。壕沟外北边是主要埋葬成人死者的公共墓地，东边有陶窑。居住区分两片，中间以小沟为界，可能分属氏族内的两个群体。每片有一所大房子，可能是聚落首领人物的居所，或兼作聚落成员的聚会场所，其周围分布着小的居室。房屋有半地穴式和地面起建的，少数为方形或长方形，大多数是圆形。半地穴房屋的穴壁涂抹草拌泥。地面

半坡遗址第3号圆形房基

起建的圆形房屋为木骨泥墙，上有圆锥形屋顶；方形房屋墙体上可能是搭建两坡泥背屋顶，此种建筑形式甚至延续至今。

半坡类型的174座成人土坑墓多为单人葬。孩童流行使用瓮棺葬，即以钵、盆类陶器与瓮罐相扣合盛放孩童尸骨。瓮棺器底往往凿出一孔，这可能是当时人认为的灵魂的出入口。发现两座同性合葬墓，一般认为，这是母系氏族社会的葬俗。

半坡类型的遗物　有辟荒垦殖用的石斧和石铲，收割作物用的石镰、石刀和陶刀，加工谷物用的石磨盘和石磨棒。发现粟和芥菜或白菜之类种子的遗存，还有猪、狗、鸡、牛等家畜家禽的遗骸，以及石镞、骨镞、骨鱼钩、石网坠等渔猎工具。这些表明，半坡类型的先民主营农业，饲养家畜家禽，同时从事渔猎。常见陶器有罐、钵和小口尖底瓶。彩陶花纹颇具特色，主要是以直线、宽带和三角组成的简单几何形图案，也有鱼、鹿、人面、植物等象生花纹。其中鱼纹从早期到晚期经历了由写实到抽象的演变过程，轮廓则由平直向弧线转化。所出土的口部嘬鱼的人面纹彩陶盆极具特色。一些钵的外表还有简单的刻画符号。

半坡晚期类型的陶器主要有钵、瓶、罐，彩陶稀少且花纹趋于简化，体现出黄河中游仰韶文化晚期的特色。

1957年，在半坡遗址建成中国第一座遗址博物馆——半坡博物馆。馆内的遗址大厅保存着原始村落的一部分，另有展示遗址中生产工具和生活用具的陈列，以及原始社会史陈列。此馆已成为西安的旅游景点之一。2006年6月9日，新的保护大厅建成并正式对外开放。

[二、大河村遗址]

连间式地面房址

中国以新石器时代仰韶文化遗存为主的遗址。位于河南省郑州市北郊大河村。1972～1987年发掘。遗址中还包含河南龙山文化及二里头文化、商文化的遗存。仰韶文化遗存的年代约为公元前4850～前3000年，分为初、早、中、晚四期。初期遗存晚于裴李岗文化而早于仰韶文化后岗类型，后三期分属仰韶文化的后岗类型、庙底沟类型和秦王寨类型（又称大河村类型）。

秦王寨类型是此遗址最主要的遗存。出土房址44座，多为长方形或方形的木骨泥墙或红烧土块垒墙的地面建筑。有单间的，也有多间相连成排的，最多的一排连筑4间。这种连间房适应了大家庭中的小家庭生活需要。墓葬有土坑竖穴墓和儿童瓮棺葬。陶器有鼎、盆、钵、壶、豆等，流行红、黑色彩陶花纹并出现白衣彩陶。陶器显示出向河南龙山文化过渡的趋势，还反映出同东面大汶口文化、南面屈家岭文化的联系。遗址发掘后修建了大河村遗址博物馆。

鱼纹彩陶片

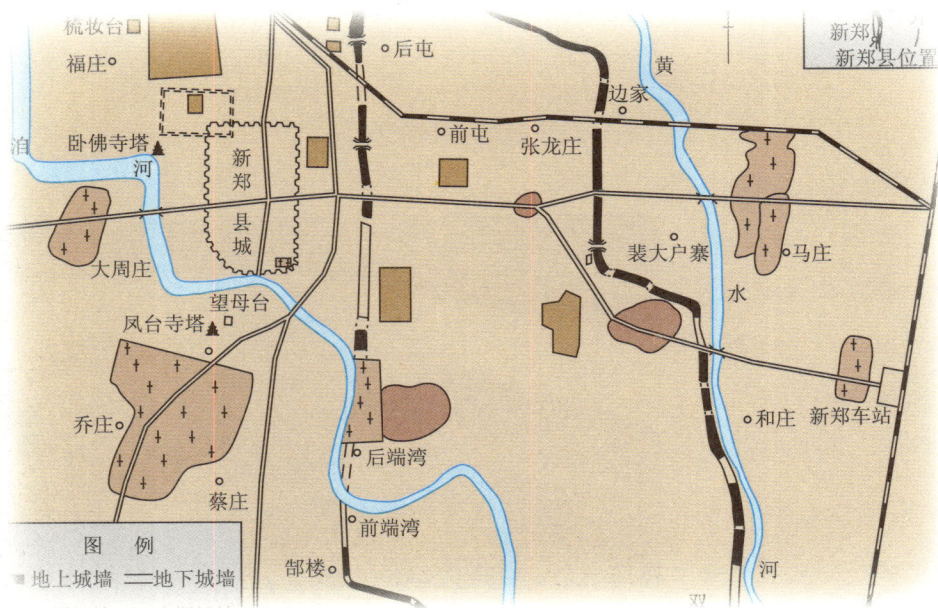

梳妆台　福庄　卧佛寺塔　河　泪　新郑县城　大周庄　望母台　凤台寺塔　乔庄　蔡庄　后屯　前屯　边家　黄　张龙庄　裴大户寨　马庄　水　和庄　新郑车站　后端湾　前端湾　郜楼　河　新郑　新郑县位置　双

图　例
■地上城墙　━地下城墙

第二章　商周建筑

［一、盘龙城遗址］

　　中国商代前期城市遗址。位于湖北省武汉市黄陂区叶店村。公元前16世纪商立国后成为商王朝控制的重要据点和掠夺南方矿产资源的中转站。前1400年前后正式建城，成为商王朝统治南方的政治中心。不足百年，城市即遭废弃。遗址于1954年发现，1963年起发掘。1988年国务院公布为全国重点文物保护单位。

　　位于涢水（府河）北岸台地，分布于低矮丘陵与湖泊（叉）的交错地带。城址在遗址东南部，现三面环水，仅西北部与陆地相连。古城平面近方形，城垣土筑，东西约260米、南北约290米。四面城墙中部有城门，城外环绕护城河，南部护城河上可能有桥。城内东北部为人工铺垫夯筑而成的台地，东西约60米、南北约100米，上有南北平行排列的3座大型建筑基址，南部的2座为大型宫室建筑。其中位南的2号基址可能是只有一个大厅的"前朝"部分；其北的1号基址为"后

寝"，经复原，是一座顶铺茅草的四坡顶重檐木构建筑。人工台地西侧有陶管相接的排水设施。古城以北为平民聚居区和手工业作坊（铸铜）区。城的东、北、西三面有贵族墓地和平民墓地。其中李家嘴的一座大贵族墓有棺有椁，殉人3个，出土青铜礼器、青铜兵器、玉器、陶器等。古城以北、以西250～500米处，有宽带状夯土残迹，可能是城外侧的夯土城墙遗迹。

[二、殷墟]

中国商王盘庚或武丁至帝辛时代都城的遗址。又作殷虚。位于河南省安阳市西北郊洹河两岸。因所在地在《史记·项羽本纪》和《水经注》中被称为"殷墟"而得名。据文献记载，自盘庚迁都于此，至纣王（帝辛）亡国，整个商代晚期以此为都，共经8代12王、273年。殷墟发现于20世纪初，1928年开始发掘，丰富的出土资料引起国内外学者的重视。抗日战争爆发

殷墟20世纪30年代发掘现场

后发掘被迫终止，1950年恢复发掘至今。这里是中国学术机构第一次有组织地开展考古发掘的地点，是中国考古学的发祥地，丰富的出土文物为商史研究提供了宝贵的实证资料。1961年国务院公布殷墟为全国重点文物保护单位。

自然环境和文化背景　殷墟附近的地貌，南、西、北三面环丘，东面与平原相接。晚商时期，这里的气候同今相比偏于温暖和湿润，物种与今亚热带地区类似。早在仰韶文化时期，洹河流域便有聚落存在。龙山文化时期，聚落数量增多，出现规模较大的中心邑聚。商代中期，洹河流域的聚落发展进入全新阶段，出现

洹北商城，当时这里已是商王朝的重要地区。商代晚期在此建都，当与这样的文化背景有关。

文化分期和绝对年代　殷墟的文化遗存可分为四期。它们一脉相承，但各期文化遗物，特别是陶器和铜器有明显的时代特点。据甲骨刻辞和铜器铭文中的王世或纪年记录加以推定：第一期约当商王武丁早期，第二期约为武丁晚期至祖庚、祖甲时期，第三期约为廪辛、康丁、武乙、文丁时期，第四期约当商代最后两王帝乙、帝辛时期，但最晚阶段或可延续到西周初年。《夏商周断代工程 1996～2000 阶段成果报告》中所推定的武丁至帝辛时期的年代，为公元前 1250～前 1046 年，殷墟四期文化所包含的年代大体与此相当。

范围和布局　殷墟的范围东西长约 6 千米，南北宽约 4 千米，总面积约 24 平方千米。王都的布局以洹河南岸小屯东北地的宫殿、宗庙区为中心，西、南、东三面分布有手工业作坊、一般居民点和平民墓地，西北面洹河北岸为王陵区，各区的功能划分十分明显。 王都的规模是逐渐发展起来的。殷墟第一

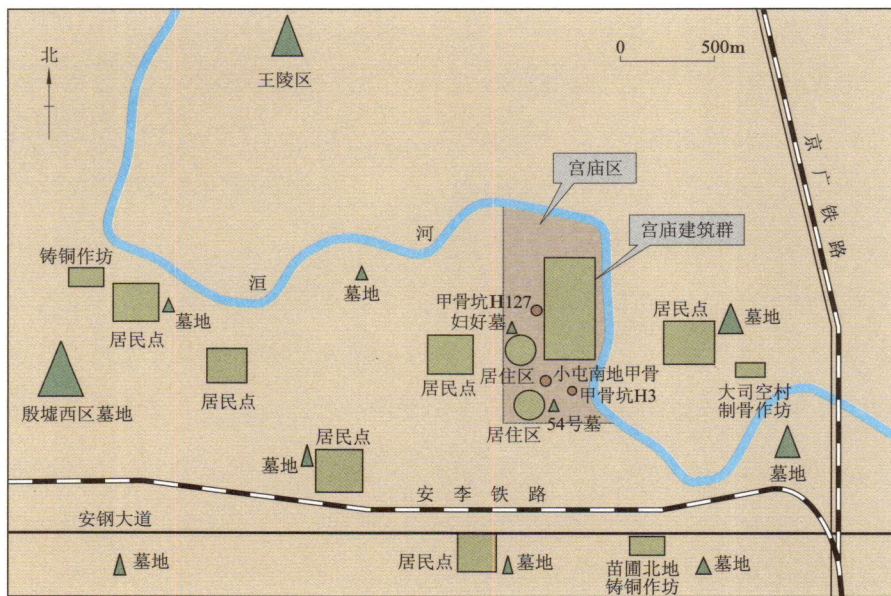

殷墟主要遗迹分布图

期，小屯作为王都的中心已建起若干宫殿和宗庙，附近开始出现居民点和手工业作坊。其中苗圃北地铸铜作坊已初具规模。据估算，此时王都的总面积约 5 ～ 6 平方千米。至迟从第二期起，宫庙区的西、南两面修筑了一道两端与洹河相接的深壕，使得都城的防卫体系进一步完善。壕沟南北长约 1050 米、东西宽约 650 米，最窄处 7 米，最宽处 21 米。此时，宫庙区外围的居民点、手工业作坊和平民墓地有了增加，洹河北岸的侯家庄、西北冈一带的王陵区已经建起。此时的王室贵族也有葬于宫庙区的，如在宫庙区西南角发现了妇好墓。殷墟文化第三、四期时，手工作坊有了大发展。苗圃北地铸铜作坊的规模增大了约一倍，原有的其他作坊继续沿用并都相应扩大，又新建了制骨作坊和玉石器制作场等。随着人口增多，原有的居民点和平民墓地迅速扩展。殷墟西区墓葬区在第三期时墓葬总数上升，新开辟了家族墓地；殷墟东南戚家庄一带的墓地经过不断扩大，第三、四期时面积达到 20 平方千米左右。

宫殿宗庙区的总面积为 70 万平方米左右。所处位置的地势较高，东、北两面有洹河环绕，西、南以深壕与外面相隔，通过在河道或壕沟的窄处设桥与外界交通，形成相对封闭的格局。宫庙区内发现的建筑基址，或为宫殿，或为宗庙，或为祭坛，有的与作坊有关，其中以住人的房屋基址占多数。20 世纪 30 年代，这里发掘出 53 座基址，被分为甲、乙、丙三组。它们的平面多为长方形，有的近正方形，或凸字形、凹字形等。均有石柱础，有的在石础上还垫铜础。在基址下或门侧处常用人"奠基"。在宫庙区内，还有杀人祭祀的排葬坑及葬兽坑。1970 年以来，又发现夯土基址数十处。最新研究成果表明，三组基址中，只有乙组和丙组属于商代晚期，甲组基址与它们在形制上有明显差异，年代与洹北商城一致，很可能是洹北商城时期外围居民点的建筑遗存。

当时的王都实际上是一处以宫庙区为中心，周围分布着众多族邑居民点的特大型邑聚。邑聚内已发现居址 20 余处。这些族邑大都经历了一个由小到大的发展过程。王都范围内有多处手工业作坊，包括铸铜作坊 4 处，制骨作坊 2 处。考古工作中还发现制玉、制陶作坊的线索。4 处铸铜作坊中，以苗圃北地和孝民屯

的两处规模较大。苗圃北地铸铜作坊位于宫庙区东南约 1 千米处，范围在 1 万平方米以上，分为居住区与生产区两部分。居住区位置偏西，主要发现带灶的房基；生产区位置偏东，发现制模、制范、浇铸用的场地或房舍，出土熔炉、大型坩埚及陶范和制范工具等。孝民屯铸铜作坊的规模与前者相仿，西部似以铸造工具为主，东部是大规模的青铜礼器铸造区。此作坊从殷墟文化第二期沿用到第四期。大司空村制骨作坊创自殷墟文化第二期，兴盛并沿用至第四期。所制骨器以笄所占比例最大，另有锥、镞等。在北辛庄制骨作坊遗址发现青铜锯、钻、刀及石钻、磨石和大量骨料等，估计此作坊也以生产骨笄为主。在小屯北地曾发现两座半地穴式房址，出土一批石料和较多的长方形磨石残块，还发现部分玉石雕刻品，此遗迹可能与制玉有关。

殷墟王陵区位于洹水北岸的武官村北，面积达 11 万余平方米。发现带墓道的大墓 13 座，祭祀坑 1400 余座。殷墟平民墓地绝大多数以氏族和家族为单位成片分布，故又称为族墓地。已发现 10 余处，发掘的墓葬总数超过 7000 座。其中殷墟西区墓地分为 8 个墓区，各墓区之间有一定界线，在埋葬习俗、随葬陶器组合和铜器铭文等方面各具特征，每区出土的铜器上有特定的族徽，一个墓区应是一个族的墓地。殷墟平民墓地中墓葬的等级差别明显。少数为带墓道的大墓（有一或两条墓道），大多是长方形竖穴墓。竖穴墓也有大小之分。有的墓有车马坑、殉人和大量随葬品，有的随葬少量铜器或陶器，有的没有随葬品。这些反映出墓主身份和地位的差别。

重要遗物　殷墟出土了大批商代文物，包括甲骨、青铜器、玉器、骨器、石器、陶器等。殷墟甲骨出土约 15 万片，考古发掘出土的近 3.5 万片，它们科学价值极高，对研究商代历史有重要意义。青铜器大部分出自墓葬，少量出于祭祀坑，包括礼器、武器、工具和车马器等。著名的青铜器有司母戊鼎、牛鼎、鹿鼎、戍嗣子鼎、妇好三联甗、妇好鸮尊、妇好偶方彝、司母辛四足觥等。玉器也主要出自墓葬，包括礼器、装饰品、艺术品和日用器。其中妇好墓出土的玉器，显示出商代晚期制玉工艺的极高水平。此外，妇好墓出土的 3 件象牙杯，雕刻精细，纹饰繁缛，是精美的工艺品。武官村大墓出土的虎纹大石磬，小屯北地出土的龙纹大石磬，音调悠扬清越，是中国现存最早、最完整的大型乐器。殷墟出土的陶器有白陶、釉陶、硬陶和日用陶。其中白陶十分珍贵，一般只出自大墓。

保护和利用　1953 年，安阳市成立殷墟文物保管所，划定了遗址的保护范围。1958 年，中国科学院考古研究所在安阳设立考古工作站，常年从事殷墟的发掘和研究工作。1987 年，安阳市人民政府在殷墟宫庙区建立遗址公园。2001 年，河南省人大常委会通过《河南省安阳殷墟保护管理条例》。2006 年，殷墟作为文化遗产被列入《世界遗产名录》。

象牙杯（妇好墓出土）

［三、郑韩故城］

中国东周时期郑国和韩国都城。遗址位于河南省新郑市市区及外围。西周末郑国以此为都，公元前 375 年韩灭郑后亦都于此，前 230 年秦灭韩后城大部废弃。1964 年后于此进行勘察发掘。1961 年国务院公布为全国重点文物保护单位。

城墙依双洎河和黄水河而筑，曲折不齐。城分东、西两部分，中有隔墙。全城东西长约 5000 米，南北宽约 4500 米。城垣始建于春秋早期，以后直至战国时期续有修补。西城中部和北部为主要宫殿区，这里发现宫墙墙基。其西北有"梳妆台"，是故城地面仅存的夯土台基。东城是郭城，城内也有大型夯土基址群，还有储粮窖穴和铜兵器坑，铸造青铜兵器、钱币和制骨的作坊遗址，以及属于祭祀遗存的春秋时期青铜礼乐器坑和殉马坑。春秋时期的贵族墓地位于西城东南部

和东城西南部，曾出土大量青铜器。东周时期的平民墓地多在城外。故城其他出土遗物有陶器、瓦当和花纹砖等。1983 年新郑县成立文物保管所，负责故城的保护工作。

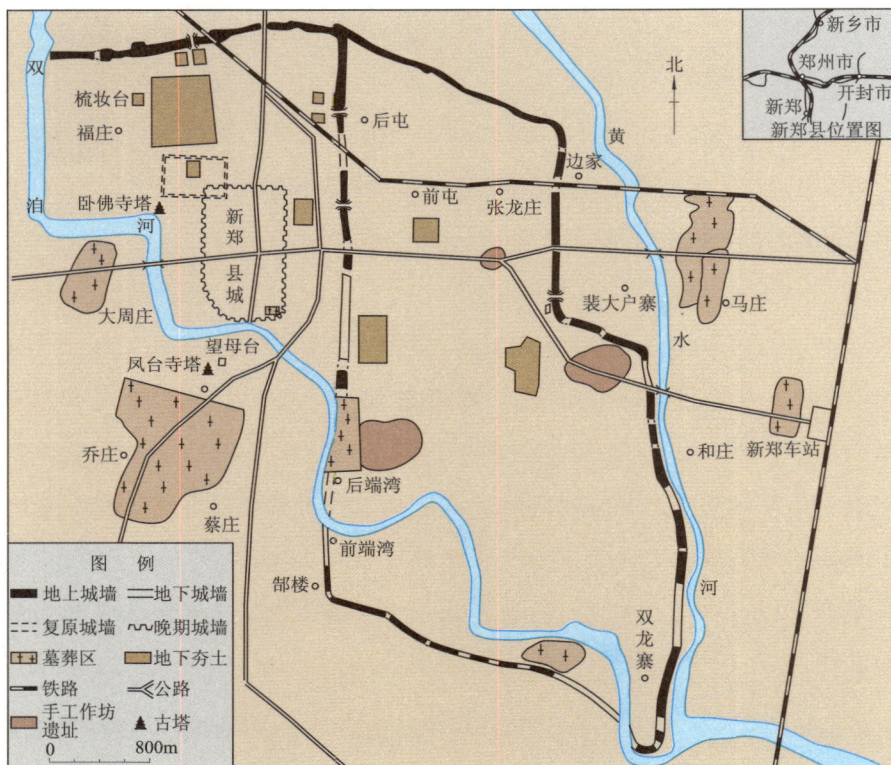

郑韩故城平面图

第三章　秦汉建筑

［一、阿房宫］

　　中国秦代未建成的朝宫。《史记·秦始皇本纪》载："（始皇）乃营作朝宫渭南上林苑中。先做前殿阿房……阿房宫未成；成，欲更择令名名之。作宫阿房，故天下谓之阿房宫。"阿房宫始建于秦始皇三十五年（前212），秦始皇在位时仅修建了前殿。秦二世时继续修建，工程未完而秦亡。阿房宫位于渭河南岸秦上林苑内，北与秦咸阳城隔河相望。西汉时属于汉上林苑范围，北朝前秦符坚和唐太宗曾在此驻军、屯兵。相传，阿房宫在秦末被项羽放火烧毁。遗址在今陕西省西安市西郊。1961年国务院公布为全国重点文物保护单位。2002年正式开始对阿房宫遗址进行考古勘探、试掘和发掘工作。

　　据考古工作可知，阿房宫的前殿并未建成，只完成了夯土台基和台基上西、北、东三面宫城城墙的建筑，此即为文献中记载的"阿城"遗迹。在三面墙内的夯土台基上没有发现秦代宫殿建筑遗迹及其建筑材料，也未发现被大火烧过的痕迹，

阿房宫前殿遗址

这些与文献记载一致。前殿遗址夯土台基东西长 1270 米，南北宽 426 米，现存高度自秦代地面起 12 米以上。台基上的宫城城墙宽度不一，北墙中部墙宽 15 米，其南侧有倒塌的筒瓦和板瓦片；东、西部墙宽 6.5 米，其南北两侧都有倒塌的筒瓦和板瓦片，推测墙顶部可能有建筑或护瓦。目前已确定阿房宫的东界和西界，分别为阿房宫前殿遗址夯土台基的东、西边缘。

[二、茂陵]

中国汉武帝刘彻的陵墓。位于陕西省兴平市策村。始建于武帝建元二年（前 139），入葬于后元二年（前 87）。西汉帝陵中修建时间最长、规模最大的一座。1961 年国务院公布为全国重点文物保护单位。

坟丘呈覆斗状，底部东西长 229 米，南北长 231 米，高 46.5 米。四周用夯土垣墙围成陵园，东西长 430 米，南北长 414 米，每面正中辟一门，门外立双阙。以皇后礼安葬的李夫人墓在茂陵西北 500 余米处。其坟丘亦为覆斗状，大小约为武帝陵坟丘的 1/2，坟丘中腰处向内平收形成二层台，这种形式的坟丘称为英陵。茂陵东南约 1 千米处发现大面积建筑遗址，出土"四神"图案空心砖、青玉铺首、

茂陵封土

谷纹琉璃璧，以及"与民世世，天地相方，永安中正"文字瓦当等，可能是茂陵的寝殿废墟。茂陵庙称龙渊庙，在茂陵东。茂陵邑在陵园东南。陪葬墓分布在茂陵东，今存 12 座，有卫青、霍去病、霍光等人的墓。1979 年在霍去病墓所在地建立茂陵博物馆，成为西汉帝陵重要游览点之一。

[三、沂南画像石墓]

中国东汉晚期大型画像石墓。位于山东省沂南县北寨村。1954 年发掘。墓主姓名无考，从墓葬形制和车骑出行画像的导从制度看，应是高级官吏。

墓室用石材筑成，东西宽 7.55 米，南北长 8.70 米，有前、中、后 3 个主室和 4 个耳室、1 个东后侧室，室与室之间有门通连，占地面积 88.2 平方米。此墓用石 280 块，其中画像石 42 块，有画面 73 幅。它以大构图和众多的人物形象以及自由活泼的艺术风格，在汉代画像石中占有重要位置。画像石主要分布在墓门

上和前、中、后三室中。墓门门额上所刻战争图，描绘了胡汉两军在桥上激战的场面。前室和中室的横额上，有场面巨大、刻画入微的祭祀吊唁、车骑出行、乐舞百戏、宴饮庖厨等画像。中室四壁刻蔺相如完璧归赵、荆轲刺秦王等18幅历史故事。中室八角柱上刻两尊带背光的仙人图像，有学者认为是中国最早的佛教图像之一。后室主要刻墓主家居生活画面。墓室各处还有大量东王公、西王母等神话故事和仙禽神兽画像。此墓画像采用多种雕刻技法，以减地平面线刻为主，细部采用阴线刻，藻井花朵为高浮雕，衔柱双龙用透雕。画像气魄雄浑，刻工细腻，是东汉晚期画像石艺术发展到高峰阶段的杰作。墓早年被盗，仅存少量残碎陶器和铜镞。

墓门门额上的战争图

第四章 三国两晋南北朝建筑

[一、统万城]

中国十六国夏国都城。故址在今陕西靖边县北白城子。赫连勃勃龙升七年（413），遣将作大匠叱干阿利在奢延水（今无定河）北的西汉奢延县故址筑城作为国都。赫连勃勃为夏国的创立者，是有名的暴君，征用各族人民十万人，营建统万城。筑时用铁锥刺修好的城墙，如锥入一寸，就要杀修筑者并且重筑。因此城墙坚固，可以磨刀斧。城内台榭高耸，楼阁相连，装饰华丽，宫殿前有铜制大鼓、飞廉、翁仲、驼、龙、虎等，并饰上黄金，极为奢华。城南门曰朝宋门，东门曰招魏门，西门曰服凉门，北门曰平朔门。据文献及出土墓志铭，统万又作统万突、吐万突，为汉译的少数民族语言；一说赫连勃勃都城建成后，以统一天下，君临万国，故取统万为名，这是汉族文人的附会。

北魏取统万城后置夏州于此，迄隋、唐、五代至西夏，均为区域政治中心。北宋淳化五年（994），为了对付西夏，维护宋朝边区的安定，将夏州即原统万

城予以平毁，城因此受到严重破坏。13 世纪前期，蒙古灭西夏，废夏州，从此湮没无闻数百年。清时称遗址为白土城，道光二十五年（1845），时任陕西榆林府知府的徐松嘱怀远县（今横山区）知县何炳勋进行实地调查，推断白土城就是统万城故址，此后遂渐为外人所知。

据近年考古调查，遗址濒无定河北岸，分为外郭城、东城、西城。外郭城仅留断断续续略高于地面的残迹；东、西两城略呈长方形，中间用墙分隔，东、西各长约 700 米，南、北各长约 500 米，周长各约 2500 米。除南垣被沙丘覆盖外，城垣高出地面约 2 ～ 10 多米，尤其西城保存完好，西南隅残存敌楼高达 31.6 米。墙体夯筑而成，层次清晰，结构细密，城墙呈灰白色。遗址内瓦砾成堆，陶瓷碎片遍地，发现的有残破石雕、石刻以及铜币、铜佛像、印章、方砖及建筑残件瓦当、滴水等。1996 年，统万城遗址被国务院公布为第四批全国重点文物保护单位。

[二、嵩岳寺塔]

中国现存年代最早的密檐砖塔。在河南省登封市西北约 6 千米的嵩山南麓，建于北魏正光四年（523）。平面为十二边形，是中国现存古塔中的孤例。塔身稳重，比例匀称，外形刚健秀丽。特别是采用了砖壁空心筒体结构，在中国建筑史上占有重要地位。1961 年定为全国重点文物保护单位。

嵩岳寺原为北魏宣武帝的一处离宫，孝明帝正光元年舍为佛寺，名闲居寺。隋仁寿二年（602），改名为嵩岳寺。现除砖塔仍巍然屹立外，只剩下清代建造的简陋的山门和几座殿宇。

塔高 40 米。砖砌塔壁厚 2.45 米。塔室底层东西南北四面均辟有入口，直接进入塔心内室。内室除底层为正十二边形，往上直到顶部均为正八边形直井式，中间用木楼板分隔为十层。

全塔分为塔身、塔檐、塔刹三部分。外形轮廓有柔和收分，呈略凸形曲线。

登封嵩岳寺塔

塔身部分建于低矮简朴的台基上，用挑出的砖砌叠涩分隔为上下两段。在四个正面上有贯通上下两段的门洞，门洞上部半圆形拱券面做成浮雕式火焰形券。下段除门洞外其余八面都是平光的砖面。塔身上段的非正向八个面上，各砌出一个壁龛，龛座隐起两个壶门，内嵌砖雕狮子，造型古朴。在上段塔身转角上，有砖砌八角形倚柱。柱下有雕砖莲瓣形柱础，柱头有砖雕的火焰和垂莲。塔檐部分位于塔身之上。每层檐之间的每面塔壁砌出门形和窗形，开七个真门洞作为塔上部的采光口。塔刹用砖石砌成，在简单的台座上置覆钵、束腰和仰莲，上面安相轮七重和宝珠一枚。

[三、敦煌石窟]

中国佛教石窟。位于甘肃省敦煌市。与云冈石窟、龙门石窟并为中国三大石窟。敦煌石窟一名是莫高窟、西千佛洞的总称；有时也包括安西的榆林窟，通常用以指莫高窟。莫高窟位于敦煌市东南25千米处，开凿在鸣沙山东麓的

莫高窟外景

断崖上。有洞窟 735 个，保存壁画 4.5 万多平方米，彩塑 2400 余尊，唐宋木构窟檐 5 座。洞窟分南北两区：南区是莫高窟的精华所在；北区主要是僧人和工匠的居住地，塑像和壁画很少。莫高窟的开凿从十六国时期至元代，前后延续约 1000 年，这在中国石窟中绝无仅有。

莫高窟是中国石窟艺术发展演变的一个缩影，在石窟艺术中享有崇高的历史地位。1961 年国务院公布莫高窟、榆林窟为全国重点文物保护单位。1987 年，莫高窟作为文化遗产被列入《世界遗产名录》。

历史沿革 汉武帝开通丝绸之路后，作为西陲重镇的敦煌，成为沟通中原和西域的交通枢纽。包括佛教文化和艺术在内的中西文明在这里交汇、碰撞，这是敦煌石窟艺术产生的历史根源。据武周圣历元年（698）《李君修佛龛碑》记载，前秦建元二年（366）乐僔和尚在莫高窟创凿洞窟，法良禅师接续建造。此后，北魏宗室东阳王元太荣，北周贵族建平公于义先后出任瓜州（敦煌）刺史，受崇佛造像风习的影响，莫高窟开始发展。隋和唐前期，敦煌经济繁荣，丝路畅通，莫高窟也进入鼎盛时期。安史之乱后，建中二年（781）吐蕃占沙州（敦煌），在吐蕃赞普保护下，莫高窟得以继续发展。大中二年（848）张议潮率兵起义，收复河西十一州失地，奏表归唐。在张氏归义军政权统治的晚唐时期，张氏家属及其显贵姻亲在此继续修建。乾化四年（914）曹议金取代张氏执掌归义军政权，曹氏家族统治瓜（安西）沙（敦煌）120 多年，新建洞窟，还全面重绘重修前代洞窟和窟檐，在崖面上大面积绘制露天壁画，使莫高窟外观蔚为壮观。北宋景祐三年（1036）和南宋宝庆三年（1227）此地先后为西夏、蒙古政权统治，尽管仍有兴造修葺，但伴随丝绸之路失去重要作用和敦煌经济萧条，莫高窟已趋衰落。元以后停止开窟。

发现和保护 莫高窟在明代一度荒废，鲜为人知。至清代有文人记录有关莫高窟的资料，并探讨它的创建年代和历史。光绪二十六年（1900）道士王圆箓发现藏经洞后，英国的 A. 斯坦因、法国人伯希和、日本人橘瑞超和吉川小一郎相继掠走洞中大量经书等文物，俄国人 S.F. 奥尔登堡、美国人 L. 华尔纳还盗走莫高窟的一些壁画。这些盗劫和破坏使敦煌文物受到很大损失。1944 年，在莫高窟建立国立敦煌艺术研究所。中华人民共和国建立后，莫高窟得到真正的重视和保护。1951 年，敦煌艺术研究所更名为敦煌文物研究所。此后，对石窟进行勘察、保护和维修。20 世纪 60 ～ 80 年代还进行考古发掘，新发现一批窟前建筑遗址、洞窟和文物。

洞窟概况 根据洞窟形制，雕塑、壁画题材的内容和风格特点，莫高窟可分为北朝、隋唐、五代至宋、西夏至元四个大的发展时期。

北朝现存的洞窟主要是北魏、西魏、北周时开凿，个别北魏洞窟可能开凿于北凉时。窟形主要有中心柱窟、方形窟和禅窟三种。中心柱窟平面长方形，窟内凿出方形塔柱，柱体四面开龛塑像，窟顶前部多作"人字披"形，后部为平棊顶。此为北朝典型窟形。方形窟为覆斗形顶，正壁大多凿一大龛。禅窟较少，典型洞窟第 285 窟平面方形，正壁凿一大龛，两侧各凿一小龛，南北壁各凿出四个小禅室。这一时期的洞窟，主像一般是释迦牟尼或弥勒，还有释迦多宝并坐像、菩萨像和禅僧像等。有的中心柱和四壁上部贴有影塑千佛、供养菩萨和飞天。窟顶和四壁满绘壁画，顶和四壁上部多绘天宫伎乐，四壁下部为药叉或装饰花纹，中部壁面除千佛外，主要画佛传、本生和因缘故事，位置适中，醒目突出。这类故事画的构图，除单幅的外，多为横卷连环画形式。例如，莫高窟 285 窟的《五百盲贼得眼故事画》，表现了作战、被俘、审讯、受刑等场面。以白色为底，色调清新雅致，风格明快洒脱，是西魏壁画的杰作。北朝佛教重视禅行，故此时洞窟内容多与僧人坐禅观佛的宗教活动有关。北魏壁画多以土红为底色，用青、绿、赭、白等色

《五百盲贼得眼故事画》（莫高窟第285窟南壁壁画）

敷彩，色彩热烈厚重，风格朴拙浑厚，并有浓厚的西域佛教艺术特征。西魏以后多用白色壁面为底，色调趋于清新雅致，风格明快洒脱，呈现出中原风格。

隋唐时期为莫高窟的全盛期，洞窟占总数的60%以上。典型窟形是平面方形的覆斗顶窟，一般正壁凿一龛，新出现南、西、北三壁各凿一龛的形式。唐前期出现高30米以上的大像窟，正壁为石胎泥塑的大倚坐弥勒像，像两侧和后部凿出供绕行巡礼的隧道。窟前有窟檐式多层木构建筑。唐后期出现佛坛窟和卧佛窟。佛坛窟方形，覆斗顶，主室正中设佛坛，坛后部有通连窟顶的背屏，塑像置于佛坛上；大卧佛窟横长方形，盝顶，后部凿出涅槃台，上塑涅槃像。这一时期塑像风格与中原地区更趋一致，塑造形体和刻画人物性格的技艺进一步提高，题材内容增多，出现前代不见的高大塑像。隋代塑像主要是一佛二弟子二菩萨或一佛二弟子四菩萨组合。个别洞窟还有二力士、四天王。出现一佛二菩萨为一组的立像，或三组鼎足而立的九身立像。此时塑像面型方圆，体形健壮，较为写实，腿部一般较短。唐代塑像主要是一佛二弟子二天王或加二力士组合，此外有七佛像、供养菩萨像和高僧像等。例如，莫高窟第45窟的塑像塑于正壁龛内，为一佛二弟子二菩萨二天王像。佛像庄严，弟子谦恭，菩萨窈窕，天王雄健，整组造像丰满圆润，形象逼真，是莫高窟盛唐时期雕塑的杰出代表。第96窟的"北大像"高33米，第130窟的"南大像"高26米。第148窟主尊涅槃像长约15米，像后有七十二身弟子，各呈悲容，神态不一，是莫高窟最大的一组彩塑群像。

隋唐时期的壁画题材丰富，场面宏伟，色彩瑰丽。人物造型、敷彩晕染和线描技艺达到空前水平。隋代壁画正值北朝向唐代过渡阶段，除沿用原有的一些题材外，新出现经变画。画面一般较小，内容也较简单。唐代壁画的主要题材是多种经变画，前后期在题材和布局上有所不同。前期有观无量寿经变、阿弥陀经变、东方药师经变、弥勒经变、维摩诘经变、法华经变等，一般是每壁一幅经变，同一窟内题材种类不多。例如，莫高窟第220窟的《药师经变画》，其中乐队部分由十多人组成，手持各种乐器，作吹、拨、弹、奏状，是唐代乐舞兴盛的真实写照。此时净土内容的经变画占很大比重，反映出往生净土思想在世俗信徒中具有广泛影响。后期经变种类繁多，多种经变汇于一窟，新出现金刚经变、华严经变、思益梵天请问经变、密严经变、楞伽经变、报父母恩重经变、劳度叉斗圣变等，

莫高窟第45窟塑像

这是唐代佛教宗派林立，各有所崇的写照。此外还有与经变画相配合的屏风画、佛教感应故事画、瑞像图、密宗题材画和历史人物画等。此时供养人像形体较大，多占据甬道两壁或窟内显著位置，如唐后期第156窟的《张议潮统军出行图》和《宋国夫人出行图》。这两幅画表现了晚唐时期归义军节度使张议潮和夫人出行的场面，在横幅长卷式壁画上，仪仗、音乐、舞蹈、随从护卫等人物分段布满画面，组成浩浩荡荡的出行行列，开创了莫高窟在佛窟内绘制为个人歌功颂德壁画的先例。经过隋代的探索，唐代的壁画艺术已臻于娴熟精湛。唐前期人物丰润，肌胜

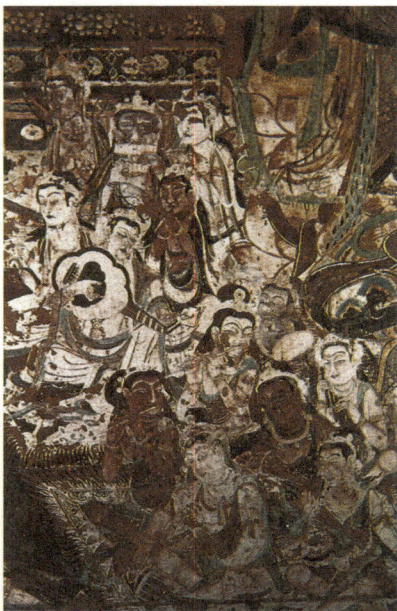

莫高窟第 220 窟北壁《药师经变画》局部

于骨，色彩富丽，线描采用自由豪放的兰叶描，具有雄浑健康、生机勃勃的气派。吐蕃时期壁画色彩明快清雅，线描精细柔丽，人物性格刻画细腻，构图严密紧凑，形成细密精致柔丽的风格。至晚唐壁画出现公式化趋向，已缺乏意境和情趣。

五代至宋的窟形主要为中心佛坛窟，佛坛后部有连至窟顶的背屏。窟顶覆斗形，下端四角处凿出圆拱形凹面，画四大天王像。在莫高窟下层大窟的窟前曾建有木构殿堂建筑，构成前殿后窟的格局。现存 4 座宋初木构窟檐保留较多唐代风格，是研究唐宋建筑的重要资料。这一时期的彩塑遭到严重破坏，仅存两窟。造型虽有唐代余风，但技艺不如唐代精湛。

壁画题材多沿袭唐代，主要有佛像画、经变画、佛教史迹画、瑞像图和供养人画像。第 61 窟有通贯西壁的巨幅《五台山图》，面积达 60 平方米，是莫高窟最大的一幅壁画。画中运用鸟瞰式透视法，描绘了河北道镇州至太原、五台方圆数百里内的山峦、河流、城市、桥梁、店铺、寺庙、兰若、庵庐、佛塔，以及其中的送贡、进香、商旅、行脚、推磨、踏碓等各种人物活动，是一幅形象的历史地图和社会生活图景。此时供养人画像增多，主要有归义军曹氏家族成员及达官显贵，以及与曹氏联姻的于阗国王和王后，甘州回鹘公主等。人物形象更趋高大，一般在 2 米以上。这一时期的壁画，前期犹存唐代余风，人物肌肉丰腴，设色热烈，线描豪放而有变化，只是用笔粗糙简率。后期出现公式化，经变内容空洞，人物神情呆板，色彩贫乏，线条柔弱无力。

西夏至元时期新开凿的洞窟很少。西夏多是改建旧窟，重绘壁画。壁画虽多，新题材很少，但在构图和敷彩上有特点。壁画中供养菩萨行列变得高大，多占据甬道或壁面下部的显著位置。净土变之类的经变画，构图锐意简化，有的几乎与千佛像难以区分。画面构图和人物形象都过于程式化，呆滞而缺少生气。色彩以绿为底色，用土红勾线，整个画面色调偏冷。较多地使用沥粉堆金手法，为前代所少见。元代洞窟数量很少，第465窟和第3窟的壁画代表了当时两种不同的画风。前者后室四壁和窟顶布满密宗曼荼罗和明王像，四壁下部有织布、养鸡、牧牛、制陶、驯虎、制革、踏碓等各种人物画60多幅。内容、构图形式、人物形象和敷色、线描等带有浓郁的藏画风格和阴森、神秘的情调。后者壁画属于汉族画风，以密宗千手千眼观音菩萨像为主，以细而刚劲的铁线勾描人物形体，用兰叶描和折芦描表现衣纹和飘带的转折顿挫，线描技术造诣很高。此外，第61窟甬道两壁有西夏末年、元初重画的《炽盛光佛》和《黄道十二宫星象图》，题材为莫高窟壁画中所仅见。

敦煌西千佛洞位于敦煌市西南30千米处。洞窟凿在党河北岸的峭壁上。现有洞窟22个，最早的洞窟凿于北魏，西魏、北周、隋唐、五代、沙州回鹘政权时续有开凿，最晚的洞窟建于元代。塑像和壁画有的经过后代改塑和重绘。洞窟形制、壁画题材和艺术风格与莫高窟同期洞窟十分相似，仅第19窟唐后期的十六罗汉塑像，为莫高窟中所未见。

［四、龙门石窟］

中国佛教石窟。位于河南省洛阳市城南13千米处的龙门口。与敦煌石窟、云冈石窟并为中国三大石窟。石窟所在地因东、西两山对峙，伊水穿流其间，形成天然门阙，有伊阙之称。这里背山面水，环境幽静，景色宜人，是佛教徒理想的禅修栖身之所。约从北魏太和十七年（493）开始，利用西山天然洞穴凿龛造像。以后东魏、西魏、北齐、隋、唐诸朝又在东、西两山峭壁继续营造，最终形成南北长达1千米的石窟群。现有编号窟龛2345个，造像10万躯，

龙门石窟远景

浮雕石塔40多座，碑刻题记2780品。窟区还有众多佛寺，现存清代重建的香山寺。另有唐代的奉先寺和香山寺遗址，以及白居易墓等。众多的名胜古迹和优美的自然环境，使这里成为集林、洞窟、寺、墓塔于一体的历史文化名山和风景名胜区。1961年国务院公布龙门石窟为第一批全国重点文物保护单位。2000年作为文化遗产被列入《世界遗产名录》。

开凿历史　北魏孝文帝迁都洛阳前，西山古阳洞已在雕凿龛像。迁洛后，皇室开窟造像活动由平城（今山西大同）转移到洛阳龙门。据《魏书·释老志》记载，景明初于洛南伊阙山为高祖（孝文帝）和文昭皇太后营造石窟二所，永平中（508～512）为世宗造石窟一所，此即龙门西山的宾阳三洞。至神龟、正光之际，以孝明帝、胡太后为首的北魏统治集团竞相在洛阳大造佛寺，龙门石窟的开凿也达到鼎盛。孝昌以后皇室衰微。至北魏分裂，洛阳沦为东魏、西魏和北齐、北周争霸的战场，大规模的开窟工程中断，只有零星补凿的小龛像。直至唐初太宗和高宗时，龙门开窟再兴。尤其是高宗显庆二年（657）置东都后，高宗、武则天长期留居东都，龙门开窟造像达到高潮。玄宗天宝后，洛阳为安史之乱军所占，石窟开凿基本终止。

北魏时期，龙门魏窟承袭云冈北魏洞窟形成和发展。窟形主要有仿云冈昙曜五窟的马蹄形窟，窟内主尊造像较云冈小，增加了窟内礼佛的空间。还有方形的三壁三龛式窟，圆形或圆角方形的三壁设坛式窟和纵长方形窟。少数洞窟外面雕出屋脊、瓦垄等仿木建筑窟檐，或雕出火焰尖拱门楣，是云冈石窟完整仿木窟檐的简化形式。穹窿顶上一般都雕一朵大莲花，周围环绕细腰长裙、飘逸自如的伎乐飞天，有祥云烘托，象征着天穹。一些洞窟的地面也刻有以莲花为母题的装饰图案。各大窟内有大量小龛，形制多样，有方形龛、圆拱龛、屋形龛、帐形龛和盝顶龛等基本龛形，以及2或3种龛形糅合在一起的新龛形。龛楣雕刻华丽，由龙凤、鹿、饕餮、童子、忍冬纹、火焰纹、连珠纹、垂幔、流苏等组成变幻无穷的装饰图案。

主尊造像题材流行释迦和交脚弥勒菩萨，及表现佛法传承的三世佛和表现《法华经》题材的释迦多宝二佛并坐说法。还有无量寿佛、观世音菩萨和定光佛等，但比较少见。窟内壁面雕有连环画式的佛传、本生和因缘故事，及供养人像和大型帝后礼佛图等。盛行维摩居士和文殊菩萨问答题材，一般占据龛外两侧上方显要位置，反映出当时《法华经》、《弥勒上生经》和《维摩诘经》等佛典的流行。出现帝后礼佛图，反映出当时帝王臣僚热烈崇佛。主尊造像的配置主要有一佛二菩萨或一交脚弥勒菩萨二菩萨组成的"三身式"、一佛二弟子二菩萨组成的"五身式"和一佛二弟子二菩萨二力士组成的"七身式"。造像样式前后有明显变化。迁洛前后开凿的古阳洞部分龛像，佛像和菩萨肩宽体壮，佛身着袒右式袈裟，菩萨斜披络腋，保留了云冈早期造型和服饰的旧样式。宣武帝景明以后旧样式消失，古阳洞出现面容清瘦，双肩下削，身姿纤细的"秀骨清像"形象，成为流行的新样式。此时佛像身穿汉族士大夫的褒衣博带式大衣，衣褶层叠稠密，披覆于佛座前。菩萨身披宽博的披巾，于腹部交叉或交叉穿环。这些皆来源于南朝雕塑艺术的影响，符合中原汉民族的审美情趣。流行石窟造像新样式，是拓跋鲜卑模拟南朝制度、进一步推行汉化政策的表现。

这一时期营造的洞窟主要有古阳洞、莲花洞、宾阳中洞、火烧洞、魏字洞、

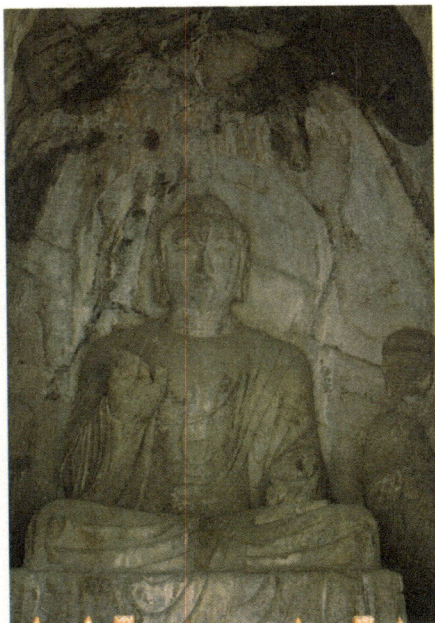

宾阳中洞主尊释迦牟尼佛
（居窟内正壁，雕造于北魏宣武帝时）

皇甫公窟等。古阳洞是龙门开凿最早、内容最丰富的大窟，为天然洞穴经修整开凿而成。窟后部雕一佛二胁侍菩萨像，主尊释迦牟尼有高肉髻，面相长圆，身着褒衣博带式大衣，结跏趺坐于长方形台座上。菩萨头戴花蔓冠，脸庞清秀，面含微笑，颈下戴桃尖形项圈，双肩敷搭披巾和璎珞，含胸挺腹，姿态优美。这铺造像开创了龙门魏窟造像的新风尚。窟内左右壁各有三层大龛，窟顶和窟壁雕满小龛。大小龛像多有施主造像发愿文，著名的龙门二十品有十九品就在古阳洞。宾阳三洞是龙门最典型的魏窟，为宣武帝所凿。其中南、北二洞在北魏时工程中辍。完工的宾阳中洞窟门两侧雕方柱，双龙交缠呈圆拱门梁，上饰火焰尖拱门楣。门外两侧各开一龛，龛内雕力士像。门甬道南侧浮雕大梵天，北侧浮雕帝释天。窟内主尊为三世佛，正壁雕一佛二弟子二菩萨，侧壁各雕一佛二菩萨。前壁自上而下雕文殊维摩对坐说法、萨埵太子本生、大型帝后礼佛图及十神王，其中礼佛图被盗往国外。窟顶雕成天幕形式，正中为大莲花，周绕飞天及垂幔。皇甫公窟为胡太后之舅皇甫度所开凿，完工于孝昌三年（527），是龙门魏窟唯一有纪年的洞窟。正壁龛雕一佛二弟子二菩萨二思维菩萨，南壁龛雕弥勒菩萨，北壁雕释迦多宝佛。龛下均有精美的礼佛图。窟顶雕大莲花和手持乐器凌空飞舞的八身伎乐天。

唐代洞窟在北朝洞窟的基础上有新发展。流行圆形或圆角方形的列像窟，新出现平面作横长方形的洞窟。窟顶一般为穹窿顶，也有平顶、覆斗顶和券顶。洞窟外观的处理较为简略，不见北魏时流行的仿木建筑窟檐或火焰尖拱门楣，往往在窟门正上方雕出造像碑或题额，如"北市丝行像龛"、"明孺州家功德"、"北市采帛行净土堂"等，即为表明开凿者身份和造像内容的题额。除列像窟外，摩崖大佛龛也颇具特色，如奉先寺和摩崖三佛龛突破了窟室的局限，直接依崖造像。此外，还有供僧人禅修的禅窟和瘗埋亡者的瘗窟。

唐代造像内容丰富，除原有的释迦佛和三佛组合外，反映佛教各宗派的题材明显增多。如许多洞窟以净土宗供奉的西方阿弥陀佛为主尊，净土洞左右壁甚至出现《观无量寿佛经》中"九品往生"经变画。单身观世音菩萨龛也较多见。还有与华严宗有关的奉先寺卢舍那佛，与密宗有关的擂鼓洞大日如来像、万佛沟千手千眼观音和四臂八臂观音像，与禅宗有关的大万五佛洞和看经寺传法祖师像，与三阶教有关的地藏菩萨等。这些题材反映了当时佛教宗派林立，在洛阳地区广泛流行的背景。这一时期，主尊造像的配置主要流行一佛二弟子二菩萨二天王二力士组成的"九身式"。唐代是佛教造像艺术发展的巅峰期，侧重于表现人物丰满圆润的肌体，优美健硕的身姿，具有浓厚的写实意味。佛、菩萨等均面相浑圆，宽肩细腰，肢体丰满健美。尤其是菩萨造型，双肩略宽，胸部和腹肌微微鼓起，下身穿紧贴臀部和双腿的长裙，整个身体扭成三道弯，显得婀娜多姿，妩媚动人。此种造型与唐代以丰腴为美的审美观不无关系。

这一时期的主要洞窟有药方洞、宾阳南洞、宾阳北洞、潜溪寺、奉先寺、万佛洞等几十处。宾阳南洞于唐代继续造像。正壁坛上一佛二弟子二菩萨大像是魏王李泰为生母长孙皇后做功德而造。这组造像上承北朝晚期造像艺术的风韵，具有典型的初唐时期质朴的艺术风格。主尊阿弥陀佛面相圆满，神情庄严，内着僧祇支，外披双领下垂式袈裟，裙裾披覆于座，手施说法印，结跏趺坐于束腰须弥座上，身后有火焰大背光。弟子像形体较小，为一老

潜溪寺主尊阿弥陀佛
（雕造于唐永徽末至显庆年间。是典型的初唐佛教造像）

奉先寺大像龛大卢舍那佛

一少形象，身披袈裟，双手合十，神情谦恭。菩萨头戴高花蔓冠，面相丰圆，颈下戴项圈，身披披帛和连珠纹璎珞，下身着百褶长裙，身体呈直筒状，立于莲台上。奉先寺在唐代称"大卢舍那像龛"，是唐高宗主持修造，武则天皇后出脂粉钱二万贯助营而成。此龛辟山而造，为摩崖敞口式，平面呈倒凹字形。龛前三壁设坛基，坛上正壁雕高达 17.14 米的大卢舍那佛，两侧依次雕二弟子二菩萨二天王二力士。整组群雕布局严谨，主次分明，气势磅礴，是龙门规模最大、最典型的精品。

碑刻题记　龙门是中国石窟题记最多的石窟，其中有纪年者 700 余品。碑刻题记中保存了大量的北魏、唐代皇室和臣僚的造像功德记。著名的有北魏安定王元燮、广川王元略、齐郡王元祐、北海王元祥、辅国将军杨大眼等人的造像题刻，唐代魏王李泰、道王李元庆母、纪王李慎母、中山郡王李隆业、太宗女豫章公主、官吏阿史那忠等人的题刻。此外还刻有《金刚般若波罗蜜经》、《佛顶尊胜陀罗尼经》等佛教经典，以及药方洞的古药方，外国高僧题名，洛阳北市"采帛行"、"丝行"、"香行社"等商业行会的造像题记等。这些碑刻题记是研究龙门石窟开凿历程、古代医药、佛教宗派、行会制度和中外文化交流的珍贵资料。龙门碑刻还是书法艺术的宝库，以魏碑体的北魏《龙门二十品》最享盛誉，驰名中外。褚遂良所书《伊阙佛龛碑》和开元十年补刻的《大卢舍那像龛》，堪称初唐、盛唐楷书的经典之作。

[五、响堂山石窟]

北响堂第 7 窟石雕佛像与窟顶雕绘装饰

中国佛教石窟。位于河北省邯郸市峰峰矿区的鼓山。北齐时开凿，包括北响堂、南响堂及小响堂（水浴寺）3 处。总计有造像 4000 余尊，并有北齐石刻佛经。20 世纪初，石窟遭严重破坏，佛像头部大都被盗凿，不少雕刻精品散失在日本和欧美各国。

北齐洞窟方形平面，平顶，分中心塔柱式和三壁开龛式两种。窟前大多雕仿砖木结构前廊，上雕覆钵式塔顶，形成独具特色的塔形窟。北响堂第 7 窟（北洞）规模最大，雕刻最精。中心塔柱三面开龛，后面凿礼拜道，龛内造像为一佛二菩萨。下部基座雕火焰纹小龛，内雕甲胄装神王像。窟内四壁均雕覆钵式塔形龛，以跪状怪兽承托龛柱。窟门两侧残存浅浮雕礼佛图。南响堂第 1、2 窟前壁有最早的大型西方净土变浮雕。北响堂第 3 窟（南洞）、南响堂第 1、2、4 窟均刻佛经。其中南洞有武平三年（572）晋昌郡开国公唐邕写经碑。将佛经刻于窟内是响堂山石窟特色之一。响堂山石窟雕刻精美，显示了皇家雕刻的宏伟气势。在雕刻技法和人物造型上与北魏晚期明显不同，侧重于表现人物丰腴健壮的体态，手法写实，成为北齐佛教雕刻的范本，在中国雕塑艺术发展史上有重要地位。

北响堂中洞窟门外侧壁菩萨像（菩萨头戴宝冠，面相丰圆，佩戴华丽项圈和璎珞，上身袒露，下身露脐着裙，身体粗壮，为典型的北齐造像风格）

[六、义慈惠石柱]

　　建在中国河北省定兴县城西石柱村西北的小丘上。北朝时期所建，又称北齐石柱。石柱的兴建源于义葬。北魏末年杜洛周、葛荣等率众起义，定兴为战场。起义失败后，人民将残骸合葬，立木柱纪念。后官府又易木为石，柱身正面刻有《标异乡义慈惠石柱颂》颂文和"大齐大宁二年（562）四月十七日"题记。

河北定兴县石柱村义慈惠石柱

　　石柱高 7 米，分为柱础、柱身、柱顶小屋三部分。柱础为 2 米见方的整石，上施莲座。莲瓣形式和刻工刀法古朴有力，为典型的北朝艺术风格。柱身为天然石材，呈不等边八角形，高 4.5 米，上刻颂文 3000 余字和年代题记。

　　柱顶为长方形盖板，上置一面宽三间的小型石屋，刻出地栿、柱子、栌斗、额枋、椽子、角梁和屋顶等。屋顶为庑殿式，而其正脊处为长方形小台，同元明时期的盝顶相似，为早期屋顶中所罕见。石屋的正面和背面当心间各刻尖拱形佛龛一个，龛内刻佛像一尊。石屋侧面和盖板之下，浮雕出几何形花纹，简洁流畅，在石屋当心间和次间的额枋上尚存有墨笔绘画痕迹。整个石屋所表现的结构、造型和艺术风格，均为研究北朝建筑提供了实证。

第五章　隋唐五代建筑

［一、大明宫］

中国唐长安城三座宫城之一。位于今陕西省西安市城北龙首原上。曾名永安宫、蓬莱宫，以大明宫一名使用的时间为最长，又称东内。规模大于太极宫和兴庆宫。创建于太宗贞观八年（634），高宗时又进行大规模营建。自龙朔三年（663）起，成为皇帝主要居住和听政之所。唐末毁于战火。从1957年起对大明宫遗址进行勘察和发掘，已较清楚地了解了此宫的形制和布局。1961年公布为全国重点文物保护单位。

大明宫的平面，南部呈长方形，北部因地形缘故而呈梯形。南宫墙借用长安城郭城北墙的一部分，长1674米，西宫墙长2256米，总面积约3.2平方千米。宫墙除城门附近和拐角处于表层砌砖外，余皆为版筑夯土墙。北、东、西宫墙外侧有夹城，为唐后期增筑。宫南部有两道东西向的宫墙，防卫严密。宫城四面设门，南墙正门丹凤门，北墙正门玄武门，两门之间的连线为宫城中轴线。宫南部为政

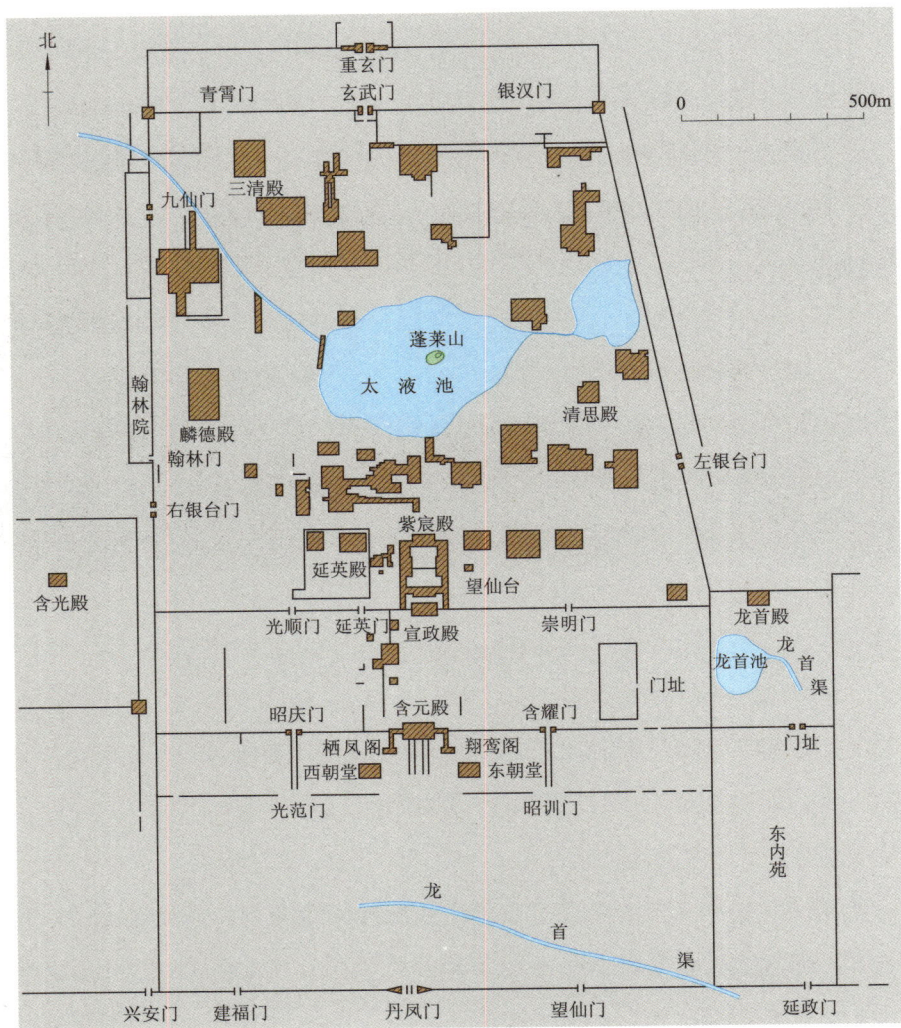

大明宫平面图

务区，有含元殿、宣政殿和紫宸殿三大殿沿中轴线自南向北排列。三大殿以北是以太液池为中心的宫廷园林居住区。

含元殿　此殿为大明宫主殿，是皇帝举行外朝大典的场所。于高宗龙朔二年（662）开始营建，翌年建成，为中国古代最著名的宫殿建筑之一。位于龙首原南沿之上，由殿堂、两阁、飞廊、大台、殿前广场和龙尾道等组成。整个建筑群主次分明、层次丰富。殿堂为主建筑，位于三层大台上，居中心最高处，高出殿前广场 10 余米。主殿台基东西长 76.8 米、南北宽 43 米，殿堂面阔 11 间，四周

含元殿遗址

有围廊。殿堂东南、西南分建两阁，东阁名翔鸾阁，西阁名栖凤阁，高程大致与殿堂相同，有飞廊与殿堂相连。大台之南为殿前广场。殿堂前面有自广场逐层登台的阶道，即文献所记两阁下盘上的龙尾道。从出土的砖瓦来看，含元殿屋顶用黑色陶瓦，以绿琉璃瓦剪边。整个大殿十分威严壮观。含元殿之北，穿过宣政门即皇帝进行常朝的宣政殿。宣政殿之北，穿过紫宸门为紫宸殿，皇帝在此召见宰相臣子议论朝事，被称为内朝。

麟德殿　位于大明宫北部、太液池之西，是皇帝举行宴会和接见外国使节的便殿。台基南北长 130 米、东西宽 80 余米，上有前、中、后毗连的三殿。中殿左右又各建东亭、西亭，后殿左右分建郁仪楼、结邻楼。殿周围绕以回廊，整个建筑面积达 12300 多平方米，规模十分宏伟。

三清殿　位于大明宫西北隅青霄门内偏东处，是宫内奉祀道教的建筑之一。老子李耳被认为是李唐王朝的先祖，故唐朝皇帝多崇信道教，于宫城内修建奉祀道教的建筑。此殿的台基北高南低、北宽南窄，平面呈凸字形。南北长 78.6 米，

三清殿遗址

东西宽 47.6（南部）～ 53.1 米（北部），面积 4000 多平方米。高台为夯筑，周围砌砖壁，底部铺基石两层，基石和砖壁向上内收，呈 11° 的斜面。从出土的朱绘白灰墙皮可知，上面有殿堂或楼阁建筑。

太液池　又名蓬莱池，位于宫城北部中央，龙首原北坡下，分西池和东池两部分。西池为主池，面积较大，平面椭圆形，东西最长484米、南北最宽310米；东池面积较小，平面略呈圆形，南北长220米、东西宽约150米。西池中央有蓬莱岛。据考古发掘可知，池岸经过夯筑，池岸底部有保护堤岸的木桩。太液池周围有水渠、廊子、道路、叠石等。

丹凤门　又名明凤门，是唐大明宫的正南门，也是皇帝在东内举行登基、改元、宣布大赦等外朝大典的场所。丹凤门北面正对大明宫主殿含元殿，两者之间相隔600余米。发掘结果表明，丹凤门为城门中最高等级的五门道制。墩台东西长75米，南北宽33米。5个门道东西均宽9米，隔墙宽3米。门道的两侧、隔墙下端有南北向排列的长方形排叉柱坑，其中4个柱坑中尚保存有未移动的石础。城门墩台的东、西两侧为宽9米的城墙，城墙的北侧设有宽3.5米、长54米的马道。在门道地面、隔墙上多发现有火烧的痕迹，在门道的堆积中还出土了许多烧流的砖瓦结块。这些现象表明，丹凤门当毁于唐晚期的一场大火。

大明宫遗址内出土有砖瓦、鸱尾、石螭首、琉璃瓦等建筑构件，及"官"字款白瓷、镏金铜饰等珍贵文物。此宫是唐长安城最重要的宫城，地下遗迹保存得较好。1994年，联合国教科文组织、中国、日本三方合作启动了大明宫含元殿遗址保护工程。

［二、含嘉仓］

中国唐代东都洛阳的粮仓。在今河南洛阳市隋唐故城内皇城外的东北部。城址长方形。原为含嘉城，建于隋大业年间。元《河南志》："东城，大业九年（613）筑。北面一门曰含嘉门，南对承福门。其北即含嘉仓。仓有城，号含嘉城。"从隋唐之际王世充与李密争战中，李密占据洛阳外围粮仓后，东都城内严重缺粮的情况看，当时含嘉城尚未作为粮仓来储存粮食。以含嘉城作为大型粮仓，当为唐代的事。高宗、武后、玄宗时使用甚繁。《唐六典》载："凡都之东，租纳于都之含嘉仓。"

1969年以来，对含嘉仓进行的考古发掘，已经探明仓城东西长615米，南北长725米。发现大小数百座地下储粮仓窖，防潮防腐措施相当周密。已发掘的有11座仓窖，最大的口径18米，深11.8米，可储粮五六十万斤。在每座仓窖下都有铭砖，刻有调露、长寿、天授、（万岁）通天和圣历年号的铭砖，记载着仓窖在城内的位置，储粮数量，入窖年月日以及管理人员的官职和姓名等。从砖上铭文可知含嘉仓储粮有来自南方苏州、楚州及滁州等地，也有来自北方的冀州、邢台、德州等地。杜佑《通典·食货》载，天宝八载（748）含嘉仓储粮总数为"五百八十三万三千四百石"。安史之乱后，渐趋衰落。

［三、南禅寺大殿］

中国现存最早的木结构建筑。在山西省五台县城西南22千米李家庄，大殿重建于唐建中三年（782）。1961年定为全国重点文物保护单位。

南禅寺大殿

沿革　大殿西缝平梁上有建中三年墨书题记，称为"重修"，可知始建要早于此。寺内除大殿外，尚存明隆庆元年（1567）所建龙王殿和清代所建文殊殿、观音殿（山门）、伽蓝殿、罗汉殿等。大殿在北宋元祐元年（1086）进行过一次大规模的修葺，明清时期也作过几次修葺。1966年，受邢台地震影响，殿身向东南倾斜，1973年进行了复原性的整修。

大殿建筑　大殿面阔进深各三间，单檐歇山灰色筒板瓦顶。前檐明间安板门，两次间安破子棂窗，其他三面砌檐墙。檐柱12根，其中3根为抹棱方柱，当是始建时遗物；其余圆柱为建中三年重建时物。各柱施素平青石柱础。1973年修葺中拆除了殿前两侧清代增建的伽蓝殿、罗汉殿，发掘出原来的阶基和月台遗迹。阶基高110厘米，与大月台相连，正面设踏跺6级。殿内外都用方砖铺墁，四周方砖散水。

殿的梁架结构简单，为"四架椽屋通檐用二柱"，柱头间仅施阑额一道，至角柱不出头。柱头斗栱为五铺作双抄偷心造，在明间正中的柱头枋上隐刻出驼峰，上置一散斗。屋顶坡度为1∶5.15，是已知木结构古建筑屋顶中最平缓的。1973年修缮时，恢复了台明、月台原状，并尽量多保留大殿原有构件。恢复了唐代殿宇建筑出檐深远的浑朴雄放面貌。大殿门窗也大体恢复了原来的式样。

大殿内塑像

大殿华栱外棱和耍头底面均刷白，用紫色画"⌂"形图案，阑额上涂朱色，上加白圆点，风格与佛光寺大殿相同，可能是唐代彩画。

佛像　殿内还保留了与木构架同时代的泥塑佛像17尊，安置在凹形的砖砌佛坛上。坛高70厘米，三面砌须弥座，底层莲瓣圆浑，年代较早。束腰壶门内砖雕花卉、动物、方胜等，形象生动，刀法简洁，可能是宋、金时期遗物。佛坛上后部正中为释迦牟尼塑像，结跏趺坐于八角形的须弥座上，庄严肃穆，总高近4米。佛两侧塑有佛弟子、菩萨、天王等。这是内地现存最早的唐塑，不失为认识唐代雕塑艺术成就和特征的依据。

［四、佛光寺］

在中国山西省五台县豆村东北，相传创于北魏孝文帝时代（471～499）。唐会昌五年（845）"灭法"时，佛光寺受到破坏，唐大中时"复法"后陆续重建。现存重要建筑有北朝建造的祖师塔，唐大中十一年（857）建造的大殿，与大殿同时建的经幢和金天会十五年（1137）建的文殊殿等。大殿荟萃唐代建筑、雕塑、书法、绘画四种艺术于一堂，历史和艺术价值极高。1937年为中国营造学社梁思成率领的调查队所发现。1961年定为全国重点文物保护单位。

佛光寺大殿

布局 寺址坐东朝西，左右为山冈所环抱，中轴线东西纵贯。自山门向东，随山势筑成平台3层，依次升高。第1层平台在中轴线上有唐僖宗乾符四年（877）建造的陀罗尼经幢，北侧有文殊殿，南侧与之对称原有观音殿（一说普贤殿），现已不存。第2层平台在中轴线两侧有近代所建的两庑和跨院，北跨院地上埋有巨大的唐代覆莲石柱础，表明这里在唐时曾有巨大建筑物。第3层平台正中即唐建大殿，殿前正中有唐大中十一年建造的经幢，东南有祖师塔，两侧有晚近建造的配殿。大殿后为山崖，崖上建有寺院后墙，墙外岗上有几座墓塔。

佛光寺的大殿是中国现存唐代木构建筑中最古老、最典型、规模最宏大的一例。雄伟古朴，居高临下，俯瞰全寺，为寺内主要建筑。面阔7间，长34米，进深4间，宽17.66米。正面开5门2窗，上覆单檐庑殿顶。据梁底题记，殿由住在长安的宁公遇出资，为当权的大宦官王守澄祈福而建。殿的木构架属于唐宋时期的殿阁型构架，特点是由上中下3层叠加而成，这是用于最高级建筑的构架形式。殿内天花板将梁架分为明栿（露明梁架）和草栿（隐蔽梁枋）两部分，结构精巧，局部还保存有早期彩绘痕迹。殿顶用板瓦仰俯铺盖，脊兽全为黄绿色琉璃艺术品，一对高大的琉璃鸱吻矗立在正脊两端，使殿宇更加壮丽。殿内设长5间的凹形佛坛，中央有释迦、弥勒、阿弥陀三尊坐像，左右是普贤和观音像，各有胁侍数躯，还有唐时重兴此寺的和尚愿诚和出资建殿的"佛殿主"宁公遇像，虽经历代装銮，仍不失为唐塑精品。在佛座背后和栱眼壁上还残留有唐宋时的佛画，梁底有建殿时的题名，门上有唐、五代人题字。

文殊殿在佛光寺内前院北侧。金天会十五年建。面宽7间，进深4间，单檐悬山式屋顶。形制特殊，结构精巧，是金代以前的中国古建筑中少见的一例。檐下补间铺作斜栱宽大，犹如怒放的花朵，具有辽金建筑的特征。殿顶脊中琉璃宝刹，是元至正十一年（1351）烧造，形制秀丽，色泽浑厚。殿内佛坛上塑文殊菩萨及侍者塑像6躯，面相秀润，装饰富丽，是金代的雕塑遗物。殿内四周墙壁下部，绘有五百罗汉壁画，是明宣德年间的作品。

祖师塔在佛光寺内东大殿南侧。是北魏孝文帝时建佛光寺的初祖禅师塔。为

佛光寺大殿内塑像

等边六角形砖塔，塔身古朴，高约 8 米。用青砖砌筑，涂作白色，外观 2 层，下层有六角形内室，西面开一素火焰形券门，塔檐用砖叠涩垒砌。上层实心，正面饰以火焰式券拱假门，侧面雕砖破子棂窗。上下层檐各用 3 层仰莲挑出，塔刹以 2 层仰莲为座，上承宝瓶，最上为火珠。塔无纪年铭刻。无论外观形制，局部装饰和细部手法，均属北魏遗构。现存北朝砖石塔极少，这种六角形平面的假 2 层塔是孤例。它既是研究早期佛塔形制的重要实例，也是此寺悠久历史的物证。

［五、五龙庙正殿］

五龙庙在中国山西省芮城县龙泉村，本名广仁王庙。其正殿建于 9 世纪上半叶，是中国现存的四座唐代木构建筑之一（另三座为佛光寺、南禅寺大殿、天台庵正殿）。

此殿结构属于厅堂型，规模不大。台基高 1.06 米，单檐歇山灰瓦顶，面阔

11.58 米，五间六柱，进深 4.94 米，三间四柱，共有檐柱 16 根，无内柱。柱为圆形直柱，角柱有明显生起和侧脚，柱间架阑额。

　　五龙庙正殿历经多次重修，外观已不能反映唐代建筑风貌，但在研究唐代房屋构架上颇有价值：①唐代称歇山顶为"厦两头"，此殿两山的做法构造简单，是"厦两头"的实例。②此殿在列柱中线以上的横栱，由一令栱一素枋为一组，重叠两层组成，保留了盛唐以前的做法。③托脚和叉手的斜度相近，基本可连成直线，为研究叉手、托脚演变的重要实例。

［六、大昭寺］

　　吐蕃王朝早期的佛寺。位于中国西藏拉萨市八角街。始建于 7 世纪中叶，相传是在松赞干布支持下，由文成公主择址，尼泊尔尺尊公主修建。初名惹刹，后改称祖拉康、觉康，清代命名为大昭寺。17 世纪曾进行大规模修葺与扩建，后经历代扩建而形成今天的规模。此寺自古以来就是藏汉民族团结的象征，建筑中融进藏、汉及尼泊尔、印度的风格特点。1961 年国务院公布为全国重点文物保护单位。

　　寺为木石混合结构，坐东朝西，建筑面积 25100 平方米。整体为传统的藏式平顶建筑，雄奇壮观，风格特异。墙用石块砌筑，白色石墙上开黑边藏式方窗。建筑基本沿中轴线分布，由门廊、庭院、神殿及分布在四周的僧舍、库房等组成，平面呈凹字形。神殿为密闭的楼院，南北宽 82.5 米，东西最长处 97 米余。楼高 4 层，中间有天井。一二层为早期建筑，采用唐式的梁架、斗栱和藻井，内廊檐部有成排具尼泊尔、印度特色的伏兽和狮身人面木雕。释迦牟尼佛殿位于神殿正中，上下贯通两层楼。三四层建筑为后世增建。五世达赖时期对三楼进行修葺扩建，增添部分金顶，并增建 4 个角楼佛殿。又在贝玛草墙面（平顶周围用柽柳砌筑的墙面）上镶嵌金、铜饰件，使神殿外观更加富丽堂皇。金顶均为汉式单檐歇山顶，屋面

大昭寺大经堂

覆以镏金铜皮。正脊的中部与两端竖立 3 个类似塔刹形状的金幢，区别于汉式吻兽。金顶四角在角梁头套兽位置饰摩羯鱼或火焰宝珠形象，檐下则采用汉式斗栱。其余殿堂皆低矮狭窄。各殿堂内满布藏式壁画，其中《文成公主进藏图》、《大昭寺修建图》等较有史料和艺术价值。殿堂内供奉造像极多，以唐代和明代造像的文物价值为高。其中一尊释迦牟尼铜坐像，相传为文成公主带至拉萨，高 1.5 米，通体镏金，造型精美生动。两侧配殿供有吐蕃赞普松赞干布和文成公主、尼泊尔尺尊公主等人塑像。寺内存唐卡（卷轴画）数百，有明永乐皇帝颁赐的胜乐金刚和大威德金刚唐卡，其他典籍文物亦多。寺前有 823 年所立唐蕃会盟碑及相传为文成公主所栽唐柳。20 世纪 80 年代以来，大昭寺已成为国内外游客向往的旅游胜地。

［七、神通寺四门塔］

中国现存较早的亭阁式石塔。在山东省济南市历城区柳埠镇青龙山麓神通寺遗址东侧，建于隋大业七年（611）。

塔平面呈正方形，每面宽 7.38 米，四面各开一道小拱门。塔高 15.04 米，单层，全部用青石砌成。塔内有石砌粗大的中心柱，柱四面各安置石雕佛像一尊，内部形式同中心柱型石窟极为类似。塔

四门塔外观

的顶部为五层石砌叠涩出檐。上收成截头方锥形。顶上立刹，为方形须弥座，四角饰以山花蕉叶，正中立刹，拔起相轮，与云冈石窟浮雕塔刹完全相同。全塔风格朴素简洁，同当时模仿木结构装饰的砖石塔完全异趣。

［八、小雁塔］

在中国陕西省西安市南关荐福寺内，又称荐福寺塔。建于唐景龙元年（707），是现存唐代方形密檐砖塔之一。1961 年被定为全国重点文物保护单位。

荐福寺建于唐文明元年（684），初名大献福寺，是宗室皇族为唐高宗"献福"而建造的。690 年改今名。寺占唐长安城开化、安仁两坊，小雁塔所在塔院在安仁坊内。唐末寺毁，至宋代分为二寺，塔院名圣容院。明清时期以塔院为荐福寺。寺内现存明清碑图，反映出当时的

总体布局。

　　塔为正方形平面，十五层密檐，高 40 余米（现在残高 43.3 米），塔形秀丽。用条砖砌筑成方形空筒，木构楼层，筒内壁有登塔的砖砌磴道。第一层塔身特别高大，南北各开一门，二层以上高宽尺度逐层收减，形成抛物线的轮廓。塔外表无装饰，只在叠涩檐下加砌菱角牙子，以加强檐口线。塔的第一层外墙明代作过包砌。塔位下的夯土基中埋有纵横交错的木梁，以加强土基的整体性。塔每层檐角都埋有上下两层挑檐木，以加固挑檐部分。史载荐福寺塔有"缠腰"，毁于 1231 年蒙古军队从金人手中夺取京兆府（西安）战役中。受 1487 年和 1555 年两次大地震影响，塔沿塔门上下纵裂，檐部残缺，塔顶已毁。1965 年修缮时，已按照原状加固。

［九、兴教寺玄奘塔］

　　中国现存最早的楼阁型方形砖塔。在陕西西安市南郊少陵原，建于唐总章二年（669），1961 年定为全国重点文物保护单位。

　　664 年玄奘死后葬于长安东白鹿原，669 年奉敕迁葬于现址，建塔并兴建塔寺，寺即以塔额"兴教"二字为名。寺内现存玄奘及其弟子圆测和窥基的墓塔共 3 座唐代建筑，还有一些近代重修的建筑。

　　玄奘塔高约 21 米，以腰檐划分为 5 层。第一层最高，逐层收减高宽，外形有明显的收分。各层表面都用砖砌出

斗栱、柱、阑额等。柱为八角形壁柱,斗栱用一斗二升,宋代称为"把头绞项",反映出当时木构建筑的特点。第一层塔身经后世重修,仿木构件已不存在。

[十、会善寺净藏禅师塔]

登封会善寺净藏禅师塔

中国现存最早的单层八角形塔。在河南省登封市西北6千米处,寺原为北魏孝文帝离宫,隋开皇间始称会善寺。为埋葬寺内高僧净藏禅师,唐天宝五载(746)于寺西山坡下建墓塔。隋唐时期多建正方形塔,唐代建筑中,普遍出现八角形殿堂、亭轩,唐洛阳宫遗址中发现八角亭基,敦煌石窟的唐代壁画中,也绘有八角亭建筑的图像,但八角形塔却颇罕见。

塔为砖筑仿木结构,整体造型恰如一座小型殿堂,平面呈八角形,塔身高约9米,单层重檐,立在砖砌塔基上。塔基上为须弥座,座上塔身各角出倚柱,柱头承斗栱,柱间施阑额,阑额上除正面隐出斗子蜀柱外,其他各面均施人字栱补间。塔身正面开圆券门;背面嵌铭石;东西两面设矩形假门,上饰门钉;其他四面,雕直棂假窗。柱头斗栱上承叠涩出檐,檐以上用平面八角形的须弥座、山华蕉叶及平面圆形的须弥座与仰莲、覆钵等。塔顶为石雕莲座莲盘和火焰宝珠。

［十一、崇圣寺千寻塔］

　　在中国云南省大理市苍山之麓、洱海之滨，是崇圣寺现存三塔中最高的一座，位于寺的前部。崇圣寺三塔俗称大理三塔，1961 年定为全国重点文物保护单位，为唐代密檐塔中的佳作。

　　千寻塔的建造历史，有几种不同的记载。根据云南当时的政治经济情况以及佛教传播到云南的时间研究，以清代王崧《南诏野史·丰祐传》所述建于唐开成元年（836）之说较为可靠。1979 年维修时，在塔顶刹基内发现了大批佛像、写经、法器、乐器、小塔、金银器皿等文物，还有相当于公元 1000 年、1142 年、1154 年的银牌，证明大理国时期曾对此塔进行大规模修缮。

　　千寻塔平面呈正方形。在第一层高大的塔身以上，设置密檐 16 层，自塔下

大理三塔

台座至刹顶总高 66.15 米。塔身为空筒式。其结构形制与西安小雁塔极为相似。塔下有两重台基，台上塔身每面宽 9.88 米。塔的外形优美，塔檐 16 层，是中国古塔中罕见的例子。

千寻塔的建筑形制和出土的文物，同唐代中原地区的建筑与文物极为相近，反映了当时中国各民族之间文化交流的密切情况。千寻塔之西有两座小塔，南北对峙，相距 97.5 米；与千寻塔相距 70 米，三塔鼎足而立。两小塔均为八角形，是 10 层密檐式砖塔，高为 39.42 米，建造时代略晚，当为大理时期（宋代）。

［十二、唐乾陵］

唐高宗李治和武则天的合葬墓。位于中国陕西省乾县城北的梁山上。李治于光宅元年（684）入葬乾陵；神龙二年（706）重启墓道，葬武则天于陵中。1958～1960 年曾对乾陵进行勘察，后又发掘了 5 座陪葬墓。1961 年国务院公布乾陵为全国重点文物保护单位。

陵园分为内城和外城。陵寝位于内城正中的梁山山腰上，"因山为陵"，居高临下。内城四面各开一门，从残存的门址看，均为一个母阙、两个子阙构成的三出阙。内城当年可能有角楼。外城南面有 3 道门。陵园石刻数量众多：内城四门各有 1 对石狮，北门立 6 马（今存 1 对），外城南面第二、三道门之间有华表、翼兽、鸵鸟各 1 对，石马及牵马人 5 对，石人 10 对，蕃酋像 61 尊，还有无字碑和述圣记碑等。石刻组合气魄雄伟，雕刻是在传统手法基础上，吸收西亚、希腊艺术风格创作而成。乾陵是唐 18 陵中唯一未被盗掘的陵，其墓道全部用石条填砌，

乾陵神道（尽头梁山为陵寝所在）

石条之间用铁栓板固定，特别坚固。乾陵东南有陪葬墓 17 座。已发掘永泰公主墓、章怀太子墓、懿德太子墓等 5 座。为加强对乾陵的保护，1960 年建立了乾陵文物保护管理所。1978 年改为乾陵博物馆，藏品包括陪葬墓出土的文物和此馆征集的文物。

［十三、南唐二陵］

中国五代南唐先主李昪及其妻宋氏的钦陵和中主李璟及其妻钟氏的顺陵。位于江苏省南京市江宁区牛首山南麓。1950 ～ 1951 年发掘，就地保护。1984 年设南唐二陵文物保管所，1988 年国务院公布为全国重点文物保护单位。

二陵相距 50 米，都是坐北朝南的多室墓。钦陵全长 21.48 米，分前、中、后 3 个主室及 10 个侧室。前、中室为砖筑，后室石砌，均为仿木结构。墓门和主室的壁面砌凿出柱、枋和斗栱，其上彩绘牡丹、宝相、莲花、海石榴和云气图案。中室北壁正门上方横额刻"双龙戏珠"，其下两侧各有一披甲持剑武士雕像。后

钦陵剖视图

南唐女舞俑

室顶部绘天象，地面刻凿象征地理的河川。石棺座侧雕刻龙和各种花纹。顺陵全长21.9米，分前、中、后3个主室及8个侧室。全部是砖结构，没有天象、河川图像和武士等石刻。二陵早年被盗，遗留文物约600件，其中哀册残片是判定墓主的主要依据。钦陵出土玉哀册23片，从中证实李昪葬于943年，陵名"钦陵"；顺陵出土石哀册40片。二陵还出土大量男女陶俑和各种陶制的神怪、动物。陶俑有宫廷的内侍、宫官、宿卫、伶人、舞姬等，造型已无唐俑的豪放气势，而有沉静妩媚的风致。所出陶瓷器均为残片，可作为研究五代陶瓷的标本。

［十四、王建墓］

中国五代前蜀主王建之墓。又称永陵。位于四川成都永陵路。王建卒于光天元年（918），同年入葬。墓于1942～1943年发掘，1961年国务院公布为全国重点文物保护单位。所在地有成都永陵博物馆，为成都市旅游景点。

此墓陵台呈圆形，高约15米，直径80余米，以土夯筑，基部周围垒条石。外围有砖基3道，可能是陵垣

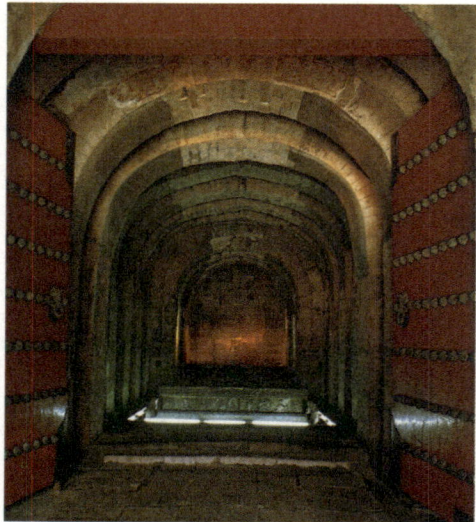

王建墓墓室

遗迹。陵南 300 米处曾出土文官石像 1 躯。墓室在陵台下，南向，无墓道，全长 30.8 米。有前、中、后 3 室，侧壁均用红砂岩砌突出的肋，上部向中心斗合，形成一道道石拱券。其间再砌石块、铺石板，形成墓室。这种拱券形式为五代时所罕见。拱券及石板表面均涂抹细泥、白垩，其上施彩，券顶为天青色，壁面朱色。中室有须弥座式石棺床，上置棺椁，棺床四周有伎乐浮雕。所雕乐器组合属燕乐，属汉化的龟兹乐系统，但杂有清乐系统乐器。棺床两旁有托棺床的十二神半身石像，均顶盔披甲，形象孔武肃穆。后室石床上置墓主圆雕石像，为古代写实肖像佳作。墓早年被盗，残存银、铜、漆、玉、石、陶随葬品 30 余件。后室出宝盝、谥宝、册匣、玉册，是研究唐五代有关文物制度的宝贵资料。

王建石像
（头戴折上巾，身着袍。浓眉深目，隆准高颧，薄唇大耳，与史载王建相貌相符）

第六章　辽宋金元建筑

［一、开封城］

　　中国五代的后梁、后晋、后汉、后周四朝的都城，正式名称为"东京开封府"，又称汴京。北宋相沿。春秋时郑庄公命郑邴在此筑城，名开封，取开拓封疆之意。战国时魏国在此建都，名大梁，简称梁；因城跨汴河，唐时称汴州；后世合称汴梁。开封位于黄河中游平原，处在隋代大运河的中枢地区，黄河、汴河、蔡河、五丈河均可行船，水陆交通甚为便利。

　　后周开封规划　隋唐以来，开封即为商业、手工业和交通运输的中心，五代时又在此建都，城市原有基础已不能适应社会经济发展的需要。后周显德二年（955），世宗柴荣下诏扩建和改建开封。诏书言及当时开封存在的城市问题，如用地不足、道路狭窄、排水不畅等。提出了扩建、改建的要求：扩大城市用地，加筑罗城（外城）；展宽道路，疏浚河道；规定有烟尘污染的"草市"等必须迁往城外等。诏书还制定了实施步骤：先行勘测；由官府统一规划；定好街巷和军营、仓场、诸司公廨院的位置后，才"任百姓营造"。依据诏书，开封进行了有计划的扩建和改建，为后来北宋的建设奠定了基础。

三重城墙的都城模式　自后周开始扩建以后，开封即有三重城墙：罗城、内城、宫城，每重城墙外都环有护城河。罗城又称新城，主要作防御之用，周长19千米。西、南城各有五门，东、北各四门，均包括水门。城门皆设瓮城，上建城楼和敌

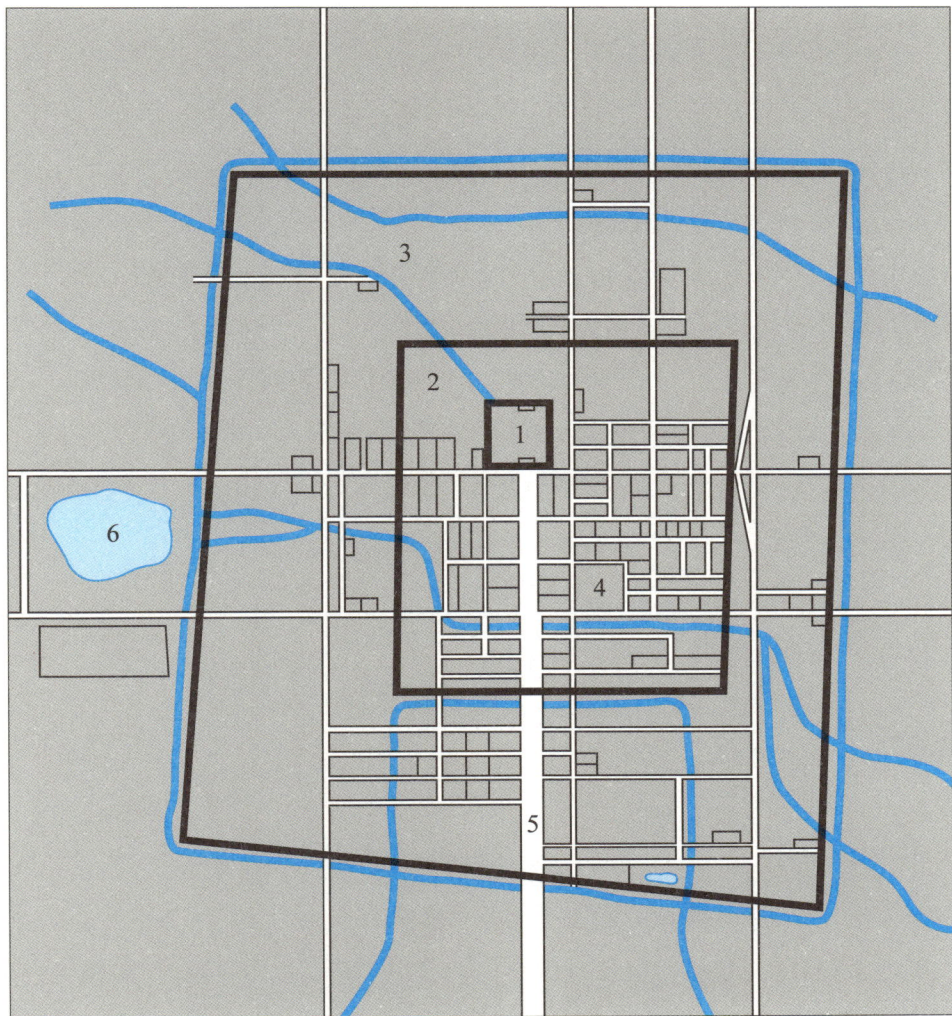

北宋东京（开封）复原想象图
1 宫城　2 内城　3 罗城　4 大相国寺　5 御街　6 金明池

楼。内城又称旧城，周长9千米，四面各三门；主要布置衙署、寺观、府第、民居、商店、作坊等。宫城又称"大内"，南面有三门，其余各面各有一门；四角建角楼；城中建宫殿，为皇室所居。这种宫城居中的三重城墙的格局，基本上为金、元、明、清的都城所沿袭。

街巷制 北宋时期商业和手工业的发展，使当时开封出现了"工商外至，络绎无穷"的局面。隋唐长安城集中设市和封闭式里坊已不能适应新的社会经济形势，因而开封改变了用围墙包绕里坊和市场的旧制，将内城划分为8厢121坊，外城划分为9厢14坊。道路系统呈井字形方格网，街巷间距较密。住宅、店铺、作坊均临街混杂而建。繁华的商业区位于可通漕运的城东南区，通往辽、金的城东北区和通往洛阳的城西区。如宋代张择端《清明上河图》中所反映，主要街道人烟稠密，屋舍鳞次，有不少二至三层的酒楼、店肆等建筑。中国古代城市的街巷制布局，大体自北宋开始而沿袭下来。开封城内河道、桥梁较多，最著名的有州桥、虹桥，均跨汴河。州桥正对御街和大内，两旁楼观耸立。虹桥在东水门外，势若飞虹。相国寺、樊楼、铁塔、繁塔、延庆观、金明池、艮岳等建筑和御苑，构成丰富的城市景观。北宋开封城的规划和建设，反映了封建社会商品经济的发展，在中国古代都城规划史上起着承前启后的作用。

[二、金中都]

中国金朝都城。在今北京市区西南。天辅六年（1122），金与北宋联兵攻辽，金军陷辽南京析津府，按原订协议交归宋朝，宋改名为燕山府。不久金兵又侵宋占燕山府，改称燕京，先后设置枢密院和行台尚书省。金海陵王完颜亮天德三年（1151）四月，下诏自上京会宁府（今黑龙江阿城南白城子）迁都燕京，削上京之号。任命尚书右丞张浩、燕京留守刘筈、大名尹卢彦伦等负责燕京城的扩建与宫室的营造。张浩等役使民夫八十万，兵士四十万，就辽南京城

的基础，在东南西面进行扩展，并新建宫城。工期迫促，盛暑疾疫流行，役夫深受其苦。贞元元年（1153），新都建成。海陵王正式迁都，改燕京为中都，府名大兴。同时又确定以汴京（今河南开封）为南京开封府，改中京（今内蒙古宁城西大名城）为北京大定府，加上西京大同府（今山西大同）和东京辽阳府（今辽宁辽阳），总为四京，以备巡幸，海陵王又将原居上京的宗室和女真猛安、谋克人户迁至中都，以便控制。金世宗完颜雍大定十三年（1173），复以会宁府为上京，遂为五京。

中都城周五千三百二十八丈（约三十五里余），方形，城门十三座。南面居中为丰宜门，右为景风，左为端礼。东为阳春、宣耀、施仁。西为丽泽、灏华、彰义。北濒金口河，有通玄、会城、崇智、光泰诸门。宫城在城中而稍偏西南，从丰宜门至通玄门的南北线上，南为宣阳门，北有拱辰门，东、西分别为宣华门、玉华门，前部为官衙，北部为宫殿。正殿为大安殿，北为仁政殿，东北为东宫，共有殿三十六座。此外还有众多的楼阁和园池名胜。当时人记载金中都"宫阙壮丽"，"工巧无遗力，所谓穷奢极侈者"。城的东北有琼华岛（今北京北海公园），建有离宫，以供皇帝游幸。

为使中都繁荣，海陵王从张浩之请，凡四方之民，欲居中都者，免役十年。世宗时期，为了便利漕运，又利用金口河引永定河水，开凿东至通州的运粮河。但因为地势的落差甚大，无法控制水势，运河开成后，很快淤塞。不久，又将金口河填塞，以防永定河洪水泛滥，危及京城。金章宗完颜璟明昌三年（1192），建成了横跨永定河的卢沟石桥，以利南北交通。宣宗贞祐二年（1214），蒙古军围中都，宣宗南迁南京。次年，城陷，中都遭到破坏。

[三、平江府城]

中国北宋末和南宋时期的府城，即今江苏省苏州。春秋时为吴国都城。

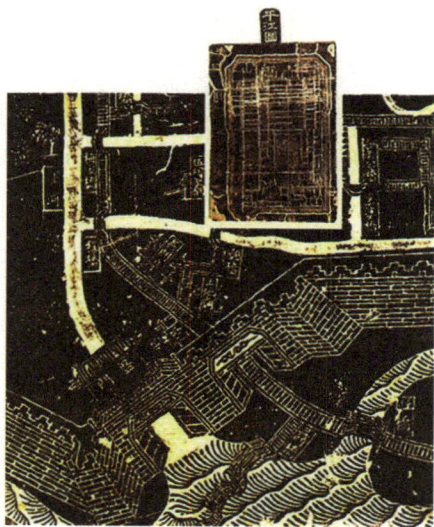

平江府图碑拓片
（局部，记载了苏州当时的平面布局和城
市设施）

隋唐以来，一直是江南地区的重要城
市。此城历史上数经战火破坏，南宋
建炎三年（1129）又毁于金兵焚掠。
宋绍兴（1131～1162）初年，宋高宗
赵构拟迁都平江，当时曾按都城要求
进行重建。

城址和规划布局　宋绍定二年（1229）
在郡守李寿朋主持下，把重建后又经近
百年发展的平江城平面图刻在石碑上，
即著名的平江府图碑。从图碑得知，平
江府城有大城和子城，城市平面呈长方
形，南北长，东西窄。城垣内外各有护
城河环绕。有城门5座：阊门、盘木门、葑门、娄门、齐门，皆有水陆两门。原
胥门在南宋时被封闭，改建为姑苏台。城市的总体布局以子城为中心。子城系平
江府衙署所在地。平面亦呈长方形，四周围以城墙。有府院、厅司、兵营、住宅、
库房和花园，主要建筑物布置在一条偏于东侧的南北轴线上，府属衙署在轴线南
端，轴线北端城墙上建有华丽的齐云楼，供观赏城市景色之用。子城的西北角集
中了商市等和各种旅舍、茶馆、酒楼，是城市的商业中心。府属吴县、长洲两县
的衙署设在子城北面。县署以北，是整齐密集、前街后河的居住街坊。

河流和道路系统　平江府城在规划建设上的重要特点是充分利用水网地区的
地理条件，民用和军需交通都充分利用河道。如经如纬数以百计的河道成为城市
的骨骼和主要交通运输线，辅之以道路。城市布局与河网水系密切结合，构成水
陆平行、河街相邻的双棋盘式格局。城内河道长80余千米，桥梁359座，街道依河，
建筑临水，使城市具有水乡的秀丽风貌。此城规划建设中，把河网和道路系统巧
妙地结合起来，综合解决城市用水、排水、运输、消防、改善气候、美化环境等
问题，是中国古代城市规划和建设的杰作。

　　园林　南宋以前，平江府城内就有较多的私家园林，如沧浪亭、南园等。明清以来，园林发展更盛，并且叠石造山，引水开池等，形成独具风格的苏州古典园林建筑艺术。城内有庙宇、寺院 60 余座。城内外还有著名的风景区，如虎丘、石湖、桃花坞等。寺庙、宝塔、园林、牌坊、拱桥、水陆城门，结合色彩淡雅的民居和街巷河道，使富有江南特色的城市景观和优美秀丽的自然风光融成一体。

［四、北岳庙］

　　在中国河北省曲阳县城内西南部，从汉代至清初千余年间历代帝王祭祀北岳恒山的地方。汉代庙址在今县城西北，北魏时移至现址，经宋元两代重建和扩建，至明代中叶规制臻于完备。主殿德宁殿重建于元世祖至元七年（1270），为现存最大的元代木构建筑。1982 年定为全国重点文物保护单位。

　　北岳庙有内外两重围墙，内分为前后两院。主要建筑物置于中轴线上，无东西配殿。前院仅存明代所建八角三檐形式的御香亭（敬一亭）一座。后院建筑自南向北依次为凌霄门（三间）、三山门（三间）、飞石殿（仅存台基）、德宁殿。

北岳庙德宁殿

德宁殿为庑殿顶，殿身面阔七间，进深四间。殿身正面五间设隔扇门，两尽间设槛窗。后檐明间设板门，其余各间砌檐墙。大殿平面柱网布置与宋《营造法式》中的"金箱斗底槽"相似，但外槽前部尺寸扩大，增加了殿内参拜活动的使用面积。整个大殿建于3米高的砖台上，前有宽五间的大月台，三面设踏道，四周配以汉白玉石的栏板，雕狮望柱，整体造型庄重，气势雄伟。

德宁殿更以殿内珍贵壁画闻名于世。东西檐墙里壁满绘元代道教题材的巨幅《天宫图》，壁画平均高7.7米，长17.6米。北岳庙内存有北魏、北齐以及唐、宋、元、明、清历代碑碣135块，有些是书法中的珍品。

[五、金后土庙碑]

位于中国山西省万荣县庙前村后土庙，金天会十五年（1137）立。碑高1.35米，宽1.06米，正面线刻汾阴后土庙全貌图，背后刻《历朝立庙致祠实迹》文，是研究宋代大型建筑的重要资料。

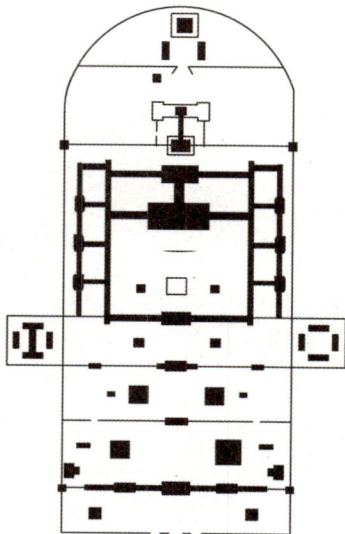

汾阴后土庙总平面图

祀后土（地神）是一种古老的祭祀活动。西汉文帝、武帝时，以汾河汇入黄河处的高阜，即汾阴雎上为祭祀后土之地，开始立庙致祭。唐玄宗时扩建。宋真宗景德三年（1006）将祭礼升至最高等级的大祀礼，并重建祠庙。金代以北方为发祥地，尊崇阴、水、地，重视对汾阴后土庙的保护，并勒石为记。明代庙毁于黄河水灾。清代易地重建，规模远不如原庙，但保存了金代所刻石碑。

据碑文所记，后土庙南北1405米，东西614米。前（南）部六重院落是庙，后（北）部

二重院落是坛，北部院墙呈半圆形。西临黄河，北靠汾水。正面入口设棂星门三座，前院为牺牲所。入内为外院三重，布置碑楼、井亭等建筑。最后两重院是庙的核心部分。主殿坤柔之殿供奉后土神，面阔九间，重檐庑殿顶，高台基，设左右阶。正殿和后面的寝殿间以廊相连，是宋代宫殿、衙署、寺观等常用的"工字殿"式。主殿前有戏台，两侧设乐亭两座，四周绕以回廊，东西两侧分别用斜廊连接主殿。回廊以外又分隔出八处小院，每院设小殿一座。中部外围墙上覆瓦顶，四角设角楼。前后院落围墙设雉堞。围墙以外设东西两道院。院内遍植松柏。

中国古代的祠庙建筑形制是封建礼制典章的一个重要组成部分。祠庙总体的规模、格局，房屋的体量、样式和组成，历代都有明文规定。重要的祠庙建筑还常常由朝廷直接颁发图样。汾阴后土庙的布局和形制同宋天禧二年（1018）重修的曲阜孔庙基本相同，并同文献记载中的北宋其他一些大型祠庙、道观以至宫殿的形制基本一致。

[六、永乐宫]

全真道三大祖庭之一。原址在中国山西芮城县永乐镇。最初为吕公祠，或因吕仙传说而建。金代末年，改祠为观，元初毁于火灾。元世祖中统三年（1262），马真皇后敕令升观为宫，名大纯阳万寿宫，后又更名永乐宫，由全真道士宋德方住持，永乐宫渐成为全真道的大丛林。明清两代几经修建，除宫门为清代建筑外，余皆是元代旧筑。1959年，因修建三门峡水利工程，将永乐宫得以保存的全部建筑及壁画，依原样迁于芮城县龙泉村。

宫内主体建筑有宫门、龙虎殿（无极门）、三清殿（无极殿）、纯阳殿（吕祖殿、混成殿）、重阳窟（七真殿、袭明殿）。永乐宫各殿均有精美的壁画，题材丰富，绘技高超，其中三清殿的《朝元图》、纯阳殿的《纯阳帝君仙游显化图》、重阳殿绘王重阳故事画49幅和龙虎殿绘神荼、郁垒、神将等画像，在构图、着色、

永乐宫三清殿（山西）

传神、衣纹、技法等方面皆为不可多得的道教壁画艺术珍品，亦有很高的史料价值。永乐宫为全国第一批重点文物保护单位。

［七、华林寺大殿］

中国长江以南现存年代最早的木构建筑。华林寺位于福建省福州市屏山南麓，原称越山吉祥禅院，明正统九年（1444）改今名。寺内其他建筑均已毁圮，仅存大殿，为北宋乾德二年（964）吴越驻福州守臣所创建，具有鲜明的地方特色，并保存着唐宋之间建筑的特点。1982年定为全国重点文物保护单位。

殿身南向，面阔3间，长15.87米，进深8椽，宽14.68米，单檐歇山顶。殿前部（深两椽）原为敞廊，廊内设平棊，殿内彻上明造。后世在殿周围建围廊，故原建门窗和檐出不明，殿内塑像已无存。大殿内柱显著高起，属厅堂型构架。但其内柱柱头上又有高度近3米的栱枋，与四周檐柱上三层昂尾相接，形成一个不在同一标高上的铺作层。所以，华林寺大殿的构架是一种特殊的厅堂型构架。

大殿外檐铺作出两层栱、三层昂，斗栱用材硕大，铺作总高2.65米，总出挑2.08

米，均居中国现存实例之首。殿内构件造型优美，如断面近似圆形的月梁，造型丰盈浑圆，线条流畅，动态感很强；昂嘴也斫成枭混曲线。这些特殊的造型处理，使大殿在古朴雄浑中显出南方建筑特有轻快秀丽的格调。

福州僻处海隅，华林寺大殿中保留了一些早期建筑的处理手法，如梭柱、皿斗、单栱素方重叠的扶壁栱、柱间不用补间铺作等手法，在中原地区的运用可追溯到初唐，甚至南北朝时期，而在北方现存唐建筑中已很少见了。

华林寺大殿中一些特殊的手法，如昂嘴、梁头雕作曲线，梁断面近圆形等，除福建地区外，又见于广东地区的宋元建筑中，还传播到朝鲜、日本等地。日本镰仓时代的"大佛样"建筑就明显是受宋元时期闽粤地方建筑影响而形成的。

华林寺大殿

［八、独乐寺］

中国古代佛教寺庙。在天津市蓟县西门内。现存辽代建筑有观音阁和山门。观音阁居全寺中心，是辽尚父秦王韩匡嗣再建的，于辽圣宗统和二年（984）建成，是晚唐至辽华北地区多层建筑特点的重要实例。1961年国务院公布为全国重点文物保护单位。

独乐寺观音阁面阔5间，进深4间，底层长20.2米，宽14.2米，外观两层，中有腰檐和暗层，实为三层，上覆单檐歇山屋顶。它属于殿阁型构架，有内外两围柱，近于宋《营造法式》中的"金厢斗底槽"。阁内中央佛坛上有高16米的11面观音立像，为辽塑精品，也是现存最高的古代泥塑立像。阁内一层北、东、西三壁有明代所绘罗汉像，二层平座上方、井内壁有后代补绘的壁画。

独乐寺观音阁

山门在阁正南方，建年约与阁同时。山门面阔三间，深两间，单檐庑殿屋顶。明间开版门，两次间内外各有一力士像，尚存辽塑大致面貌。阁和山门的构架是按一定比例设计的。阁以底层内柱之高为高度的模数，一、二、三层柱顶的间距，以及第三层柱顶至藻井顶部的高度均与它相同。这和山西应县木塔的设计方法全同。山门的脊高恰为柱高的两倍，与观音阁及唐代佛光寺大殿相同。这些都反映出唐、辽建筑设计的规律。

[九、华严寺]

在中国山西省大同市，分为上寺和下寺。建于辽重熙七年（1038）前，放置辽帝的石像和铜像。金代大修，至明衰落。寺内有1038年辽建的下寺薄伽教藏殿和金熙宗天眷三年（1140）重建的上寺大殿。薄伽教藏殿内有精美的木装修天宫壁藏。大殿为现存最巨大的古建筑之一。1961年国务院公布为全国重点文物保护单位。

寺及主要殿宇均东向，这是辽代建筑的特点。薄伽教藏殿现为下寺主殿，面阔5间，长25.65米，进深4间，宽18.46米。它近于宋式殿阁型构架中的"金厢斗底槽"，内槽顶上装藻井，下建凹字形平面的佛坛，坛上有大小塑像31躯，均为辽塑精品。殿正面3间开门，余均以墙封闭。殿内沿墙建储藏经卷的木橱，为有腰檐平坐的楼阁形，称"天宫壁藏"。壁藏共分38间，下层各间为一储经橱，上层都以楼阁为主体，用较低的行廊连接，高低错落，翼角翠飞，极为精美。后壁中部壁藏中断，仅上部用弧形飞桥连通，桥上建有小殿。壁藏上楼阁的柱、阑额、斗栱、翼角瓦件、栏杆均依实物比例缩制，可视为辽代精确的木建筑模型。

上寺大殿在薄伽教藏殿西北，面阔9间，进深5间，单檐庑殿顶。它的内柱高于檐柱，基本属于宋式厅堂型构架，中间用了6道三跨的梁架，每道有两根内柱，只在左右梢间处加密为每道4根内柱，在殿内形成前后三进的敞厅。殿顶原无天花，现存者为明代所加。殿的前檐有3间装版门，余均用墙封闭，内壁有清末绘的壁画，面积之大，颇为罕见。殿内在后金柱之前设有长5间的佛坛，上有5尊坐佛，为明代补塑。此殿结合使用要求安排构架，在佛坛前形成巨大空间，外形也很浑朴庄重。

下华严寺薄伽教藏殿

[十、善化寺]

　　中国佛教寺院。位于山西省大同市内，是以现存辽金建筑为主的重要建筑群。始建于唐开元年间（713～741），辽代重建，辽末大半毁于兵火，金天会六年（1128）至皇统三年（1143）重修和重建。曾名开元寺、大普恩寺，至明代始称善化寺。

　　寺南向，沿中轴线建山门（金）、三圣殿（金）和大雄宝殿（辽）。从遗迹看，原有回廊围成两进院落，每进都有配殿，现回廊已不存，代以墙，配殿或毁或晚近所建，仅大雄宝殿西配殿普贤阁为金代建筑。这种廊院组合的群体布局常见于唐代敦煌石窟壁画中，实例则以此寺为最早。组群中最大的建筑大雄宝殿建在长方形高台基上，前连月台，是辽代寺院常见的样式。它退居轴线尽端，院庭广阔，以配殿普贤阁等较小建筑为陪衬，殿、阁体量的大、小和横、竖的对比，殿的四阿顶与阁的九脊屋顶的形象和性格的对比也都突出了主体建筑。大殿正中佛坛上有塑像五尊，称五方佛。东西两侧有金塑护法二十四诸天等。三圣殿较小，殿内中央佛坛上有华严三圣塑像和石碑四块。院庭也较小，山门更小，内有明塑四大

善化寺院落内景

天王像。大雄宝殿和三圣殿的内部空间都考虑了与塑像的关系，使像前有较大的前视空间并减少了遮挡。普贤阁外观两层，但结构实为三层，是辽代楼阁常见的结构法。方形平面使用九脊顶，使屋脊有充分长度，形象美观。四座辽金建筑的斗栱都使用了斜栱（宋名虾须栱），斗栱且有缩小加密的倾向，已渐趋烦琐。

[十一、泉州开元寺]

中国福建省泉州市内寺庙。创建于唐垂拱二年（686），后屡毁屡建，现存宋建双石塔和明建大殿。1982年定为全国重点文物保护单位。

双塔在开元寺大殿前东西两侧，均为五层楼阁型八角石塔。是可以登临的同类型石塔中做工最精细的，其建筑细部较忠实地反映南宋时福建地区的木构建筑的风格。

寺庙前方建双塔盛于唐代。开元寺东塔始建于唐咸通年间（860～873），为9层木塔。宋天禧年间（1017～1021）改为13层；绍兴年间（1131～1162）又易为7级砖砌。嘉熙二年（1238）改

泉州开元寺双塔——镇国塔和仁寿塔，中国最高的一对石塔

建石塔，淳祐十年（1250）建成，称镇国塔，高48米。开元寺西塔始建于五代梁贞明年间（915～920），为7层木塔，称无量寿塔。宋政和年间（1111～1117）改称仁寿塔。绍兴年间毁于火，改建为砖塔。绍定元年（1228）改建石塔，至嘉熙元年（1237）竣工，建成时间较东塔早13年。西塔高44米，全部石砌，每层由塔壁、回廊和塔心柱组成。塔下有八边形须弥台座，刻有莲瓣及佛教故事。两塔平面、结构、外观基本相同。都经后世修缮，配补构件。

现存大殿是元末毁后于明洪武初年重建的，明清两代作过多次修缮，构架尚保存很多宋代做法和地方特点，是长江以南少数几座大型木构殿宇之一。大殿是重檐歇山顶建筑，殿身面阔七间，进深五间十六椽。殿身构架、斗栱基本是宋代做法。副阶梁柱斗栱则是晚明或清代样式。此殿虽记载为明初重建，但略去明以后的花纹雕饰，通过其粗矮的柱身，劲健的月梁和疏朗高耸的斗栱，尚可大体推测宋代原构的面貌。铺作下垫莲台的做法见于泰宁甘露庵，也属宋代福建地方风格。

［十二、广胜寺］

　　中国元代佛寺建筑群。中国现存琉璃塔中的珍品。在山西省洪洞县东北17千米霍山之麓，相传始建于东汉建和元年（147），元大德七年（1303）毁于地震，九年重建，明清两代多次重修、重建。著名的金刊藏经原贮此寺。现存元明木结构建筑多座，构造特殊，反映了当时建筑结构的不同形式。1961年定为全国重点文物保护单位。广胜寺包括上寺、下寺、水神庙三部分。

广胜下寺

上寺在高约160米的山上，自前至后，依次有山门、飞虹塔、前殿、大殿、毗卢殿，均明代建筑。上寺前殿又称弥陀殿，始建年无考，明嘉靖十一年（1532）重修，现构架尚有元代遗制。毗卢殿在明弘治十年（1497）重建，

广胜下寺水神庙明应王殿内西壁壁画弈棋图

单檐庑殿筒瓦屋顶。用彩色琉璃脊兽和绿瓦剪边。殿中佛坛上有三佛四菩萨，为精美的明代作品。

下寺在山脚下，有山门、前殿、后殿。其中山门、后殿及后殿西朵殿是元代建筑。此寺建筑有一些不同于官式做法的处理，如山门为单层，歇山顶，在檐下前后各出垂花雨搭，形式别开生面。紧接前殿山墙建钟、鼓楼的布局也不常见，两楼为清代建筑，方形，体量很小，用十字脊亭式屋顶，与体量甚大的前殿悬山屋顶形成大小、繁简的对比，使前院这唯一的建筑立面显得丰富多变。

水神庙在下寺西侧，是历史上洪洞、赵城两县祭祀水神之所，有戏台、山门、明应王殿。明应王殿是主殿，重建于元延祐六年（1319）。方形平面，单层，重檐歇山周围廊，雄伟舒展，是中国龙王庙建筑中最大和最早者。

殿下高台基前连月台，台前沿立悬山顶的小牌楼，丰富了构图并映衬出大殿的宏大。殿内后金柱间为神龛，供明应王及侍从塑像，龛前有官员立像四躯，均元塑精品，殿内四壁有元泰定元年（1324）绘壁画。后壁次间画侍从图，与龛中塑像配合，表现水神生活场面。前壁左次间有著名演戏图，是珍贵的戏剧史资料。

[十三、雷峰塔]

遗址在中国浙江省杭州市夕照山，建于五代十国末。在塔的砖穴内曾发现板刻印刷的陀罗尼经，塔于1924年倒塌。

雷峰塔属楼阁式塔，平面呈正八角形，塔身砖砌，有内外二层，檐部为木结构。据记载，原拟建十三层，后因财力不足，改建七层。唐代楼阁式塔的平面多为正方形，宋以后多演变为八角形。雷峰塔和苏州虎丘塔同为唐到宋过渡期间八角形楼阁式砖塔的重要实例。

塔身外形为仿木结构。每面转角有八角倚柱，居中辟门，并在墙面上隐出阑额、槏柱、腰串、地栿。阑额上置斗栱承木檐。每层有平坐。

雷峰塔北临西湖，与宝石山保俶塔南北遥相呼应。"雷峰夕照"曾是杭州西湖胜景之一。

[十四、庆州白塔]

在中国内蒙古自治区巴林右旗，辽庆州城遗址的西北部。建于辽重熙十八年（1049）。原名释迦如来舍利塔，因塔身粉刷作白色，通称庆州白塔。此塔塔身匀称，砖雕精美，是辽代仿木构砖塔的代表作。

庆州白塔平面八角形，七层，高约50米。塔下台基一层，再置基座和莲台。七层塔身每面分三间，在东南西北四个正面各开券门。其余四个斜面第一层当心间开直棂窗，二梢间各有一座浮雕小塔；第二层当心间有两个小龛，二梢间各有一个小龛；第三层以上各层各间均开一个券龛，龛内各有一座浮雕小塔。塔身表面雕金刚力士像、伞盖、飞天、花卉等。塔身安装铜镜800余面，光芒四射，气象万千。各层塔檐柱头上各置斗栱一朵，当心间设补间铺作一朵。各平坐也用斗栱，平坐下斗栱朵数与塔檐下斗栱朵数相同。塔刹部位，在八角形砖砌刹座上，安置相轮、宝瓶等；塔刹表面镏金，光辉夺目。塔内第五层有砖刻塔记，记载塔名和建造年代。

辽代楼阁型仿木构砖塔还有河北涿州智度寺塔和呼和浩特万部华严经塔。

[十五、玉泉寺铁塔]

在中国湖北省当阳市西的覆船山东麓玉泉寺门前，全称"如来舍利宝塔"，又称当阳铁塔。宋嘉祐六年（1061）铸造，工艺精湛，造型挺秀典雅。1982年定为全国重点文物保护单位。

铁塔建在砖石基台上。八角、十三层，仿木构楼阁式，总高17.9米。做法是基座、塔身、檐部和平坐等部位分段用生铁浇铸，依次叠放而成的。铁塔基座满镌海波纹，上为须弥座，各角有金刚力士一尊，体态矫健。每面束腰中央镌壶门，内一坐佛。上枋镌二龙戏珠。塔身奇数层的四正面和偶数层的四隅面设门，其余各面镌刻一佛二弟子或一佛二弟子和二菩萨二力士等。底层塔身每边宽1.12米，高1.07米，二层以上逐层收减。

各层平坐上置栏杆，望柱头是形态不同的狮子。檐部铸出椽飞,子角梁头有长颈

龙首的套兽，口衔大环，以悬挂风铎，屋顶铸出筒板瓦，角脊前端伫立力士像一尊。在第二层塔壁上镌有塔重、铸造时间和金火匠人姓名等铭文。塔刹为葫芦形。

[十六、兴圣教寺塔]

现存较完整的中国宋代方型楼阁型木檐砖塔。通称松江方塔。在上海市松江区。兴圣教寺创建于五代后汉乾祐二年（949），初名兴国长寿寺，宋改今名，元代寺毁。据记载，塔建于北宋熙宁、元祐年间（1068～1093），元、明、清历代均作修葺。1974年发掘塔下地宫，出土南宋建炎铜钱一枚，推测可能在南宋时做过大修或重建。1975～1977年又进行了大修。

塔平面呈方形，砖砌空筒形塔身，9层，总高42.56米。塔身每面分3间，有砖砌圆形壁柱，柱上挑出木制斗栱，承托各层木构瓦屋檐。塔外壁四明间开门，门为壶门形，上有木制月梁形过梁，两次间用砖砌出直棂窗。塔内每层有木楼板，四角砌出圆柱，柱上有斗栱承平闇。自第八层以上立木塔刹柱，柱顶安九层相轮。塔第八、九层是清代改砌的，与下面七层不同。塔上的木构斗栱、过梁大多是宋代原物，斗栱用楠木制成。各层屋檐、平坐、栏杆、瓦件是1975～1977年大修时新补配的。

空筒形方砖塔盛行于唐代，宋代使用渐少。此塔塔身高宽比为7：1，轮廓呈柔和的曲线，木屋檐轻举，塔身秀美挺拔，是典型的宋代风格，与茁壮、浑朴的唐代叠涩出檐方塔迥然不同。

[十七、北京天宁寺塔]

中国辽代砖塔。位于北京市广安门外（唐幽州、辽南京城）天宁寺内。唐代建寺，名天王寺，辽天庆九年至十年（1119～1120）在寺中心建塔，名天王寺舍利塔。明清时作过修葺。是辽代盛行的八角密檐砖塔的典型实例，也是现在北京市区内年代最早的建筑。

塔建于寺中心，是辽寺布局的一种类型。塔实砌砖造，通高55.38米，建于方形基座上。塔体八角形，下为三层塔基。塔基上为塔座二层，下层为须弥座，上层为斗栱出挑之平座栏杆，平座上为三层莲瓣承托塔身。塔身四正面设拱门，八面都有泥塑。

此塔造型有相当严密的比例关系，塔身以上密檐共13层。各层檐下均为木制带卷杀之椽飞角梁，角梁上施角神。屋檐起翘平缓。屋瓦统为绿琉璃，其中辽代重唇板瓦及兽面筒瓦尚存约三分之一。博脊为叠瓦式，仍为原状，岔脊及兽均为明清之物。拱眼饰铜佛，角梁悬铜铃，皆为明清时添加。塔顶刹座八角三层，为原铁刹之座，清乾隆时补砌之宝顶在1976年地震时损坏，1991年按原状补砌。辽代建塔碑长宽各80厘米，砌于刹座之内。碑上刻有主持建塔之王公官员高僧人名。盛唐已有单层八角形塔，五代时出现了八角形楼阁式塔，但八角密檐塔则主要流行于辽、金时期，并成为一种典型式样。据近人研究，其造型及塑像排列场均有宗教意义。

[十八、六和塔]

又称开化寺塔，在杭州市闸口月轮山山腰，俯瞰钱塘江。1961年定为全国重点文物保护单位。塔始建于宋开宝三年（970），原为九层，宣和年间毁于兵火。绍兴二十六年（1156）重建，至隆兴元年（1163）建成八角七层楼阁型木檐砖塔，同时建有开化寺院宇百间，寺院现已不存。清光绪二十六年（1900），外面加包木檐，外观改为现状十三层的木塔，除加包的几层木檐外，其余部分均为宋代原构。

塔身总高 59.89 米，分塔壁、回廊、塔心室三部分，塔壁外侧用壁柱分成每面三间，明间再砌出两根槏柱，柱间开门，通入回廊。回廊内外壁每面各一间，砌出圆形角柱。塔心室二至五层为方形，六、七层为八角形，四面有门通回廊。登塔楼梯底层设在塔心室内，二层以上没在回廊内。

塔内除斗栱外，各层门的侧壁都有须弥座。其圭脚、上下叠涩都很简洁，集中装饰束腰部分。这部分使用多种图案，构图优美，线条流畅，是反映宋代建筑装饰雕刻水平的重要实物。

[十九、妙应寺白塔]

中国元朝大都城内喇嘛塔。在北京市阜成门内大街。妙应寺建于元朝至元八年（1271），原称大圣寿万安寺，是大都城内巨刹之一，也是当时文武百官演习礼仪的地方。寺内设有元世祖及其子真金的影堂。元至正二十八年（1368），寺毁于火灾，只剩白塔。明天顺元年（1457）重修寺院，更名妙应寺。1961 年定为全国重点文物保护单位。

此塔建成于元至元十六年（1279），原名释迦舍利灵通之塔，也是中国早期喇嘛塔的重要实例，是现存最大的元代喇嘛塔。塔高50.86 米，全部砖造，外涂白灰。下部基座为两层方形折角须弥座，其上为覆莲座及金刚圈承托瓶式塔身，塔颈和相轮（俗称十三天）的顶部冠以铜制的华盖和宝顶，华盖四周缀以流苏和风铃。全塔造型雄浑有力，基座高大，塔身收分少，相轮造型粗壮。同明清时期同类塔相对照，可以推测出喇嘛塔的形制在历史上的演变过程。

白塔的设计者是尼泊尔国的匠师阿尼哥。他精通佛教绘画铸像的技艺，元大都及上都寺观佛像多出其手，为中国藏式佛像的创始者，对元代以后佛教造像的影响很大。

[二十、赵县陀罗尼经幢]

陀罗尼经幢

中国现存最高大的石经幢。在河北省赵县（古赵州）城开元寺内。北宋景祐五年（1038）建。经幢层次多而轮廓秀美，雕刻精致，显示了宋代建筑艺术和石雕的高度水平。1961年被国务院列为全国第一批重点文物保护单位。

幢高约15米。基座有三层。底层为正方形平面的低平须弥座，边宽约6米，由覆莲、束腰和上下两层叠涩组成，束腰每面用束莲柱分成三间，刻金刚、力士和火焰式拱门。第二层为八角形平面的须弥座，上下叠涩各三层，束腰用角柱，角柱间浮雕菩萨、伎乐等。第三层平面也是八角形，下为覆莲，上面雕成一圈回廊，每面分三间，刻有佛本生故事的浮雕。幢身最下为宝山，刻有龙和宫殿。上面叠置三段满刻陀罗尼经文的八角形幢柱。再上为八角形佛龛、蟠龙短柱和素面短柱，共为六层。下二层为八角璎珞宝盖上加仰莲；第三层为刻有释迦游四门故事的八角城阙；第四层为带斗栱的屋檐，与其下的佛龛构成八角形小殿；第五层为八角雕饰物；第六层为屋顶形饰物。各层幢柱的直径和高度向上递减，各层雕饰带也逐层变小，形成上收的幢身。幢身最上层的八角素面短柱和屋顶可能不是宋代原物。宝顶由仰莲、覆钵和铜制火珠组成，已不是宋代原物。

陀罗尼经幢基座

[二十一、夏鲁寺]

　　中国藏传佛教寺院。位于西藏日喀则东南。始建于宋元祐二年（1087）。14世纪初，布顿·仁钦朱住持此寺，曾加以扩建。后人以此寺所传之布顿学说为中心，创立夏鲁派（又称布顿派）。全寺主要由大殿夏鲁拉康和4个扎仓组成，为一汉藏合璧的建筑。大殿为全寺中心，底层为藏式大经堂，外围环绕转经廊。屋顶为汉式歇山顶，上盖琉璃瓦，檐下有斗栱。寺内有一坛城殿，壁上画满各式坛城，风格古朴，是少见的藏族早期作品。偏殿的壁画保存良好，画中的人物器具皆富有内地风格，据传是元明作品。此外，还有蒙古文文告及拼经板等多项珍贵文物。

[二十二、清净寺]

中国伊斯兰教清真寺。位于福建省泉州市涂门街。又称麒麟寺。与广州怀圣寺、杭州真教寺（凤凰寺）、扬州仙鹤寺齐名。据寺门楼北墙重修该寺的阿拉伯文碑记载，始建于伊斯兰教历400年，即北宋大中祥符二年（1009），名艾苏哈卜寺，意为圣友寺。伊斯兰教历710年，即元至大三年（1310）重修。该寺平面呈方形，整个建筑为石质结构，由门楼、大殿、明善堂三部分构成。门楼用青、白花岗岩砌筑，分外、中、内三重，均为穹顶尖拱门。两门之间顶部作半圆球状藻井式，下部即甬道，有门门相套之感。门楼顶部平台称望月台，明隆庆元年（1567）重修时曾在台上"修塔五层"，明万历三十五年（1607）与大殿顶盖同毁于地震。大殿与门楼连接，为两层楼式建筑；四壁均为花岗石砌成，东为尖拱形正门，西墙中部有尖拱形大壁龛，左右相间并列6个小壁龛，皆嵌有石刻阿拉伯文经文。明善堂在大殿之北，系明万历三十七年（1609）重修时建，大殿圆顶毁塌后在此礼拜。寺内还有别处移入的《重立清净寺碑》、《重修清净寺碑记》等汉文碑刻，故也将圣友寺称清净寺。

[二十三、真教寺]

中国伊斯兰教清真寺。位于浙江省杭州市羊坝头。因寺院建筑群形似凤凰展翅，又称凤凰寺。与广州怀圣寺、泉州清净寺和扬州仙鹤寺齐名。据碑记，寺创自唐，毁于南宋，元至元十八年（1281）阿老丁重建。明景泰二年至弘治六年（1451～1493）间扩建重修，清顺治三年（1646）再次重建，"其巍焕殆甲于中土"。1929年因市政建设，拆除其寺门及门顶加建五层木制塔式望月楼，"凤凰"遂失其完整形象。现正门门厅后礼堂为1953年新建，在原建筑的前殿、中殿遗址上。后部主体建筑礼拜殿系原窑殿，为三大间砖砌无梁殿建筑。据考证，正中一间可能系在宋代

真教寺寺门

遗存基础上重建，其余两间为元代增建，明代依原型重修。每间顶上皆覆以半球形穹窿，屋顶作中国式攒尖顶，中间为八角重檐，南北次间为六角单檐，筒板瓦垄，翼角高翘。殿内后墙有青砂石制"经香台"，两侧雕竹节望柱，束腰刻花草。殿中木制"经函"，雕刻阿拉伯经文，工艺精细，可能为明代遗留艺术珍品。北墙内建有碑廊，今存碑石多是由他处移入的阿拉伯文、波斯文墓碑。2001 年公布为全国重点文物保护单位。

第七章 明清建筑

[一、明南京城]

中国明初的都城应天府城。位于南京市区内。元至正二十六年（1366）始建，明洪武十九年（1386）建成，洪武二十三年增筑外郭城，是世界上最大的古城。国务院于 1982 年公布南京为历史文化名城，1988 年公布明南京城墙为全国重点文物保护单位。

城墙　外郭城平面略呈圆形，周长 60 千米，多为土筑，现已辟为环城公路。内城城墙为砖石结构，据 2006 年实测，周长为 35.267 千米，地面遗存为 25.091 千米。墙高 14～18 米，基宽 10～18 米。城砖上印有制砖府县名称和监烧官员、烧造工匠姓名及年月日。据统计，除在南京烧造外，还来自长江中下游 5 省范围的 28 个州府、118 个县。城墙各段因地形不同而采用不同的建筑结构。南城墙及东、西城墙南段面临平原，除以河为堑外无险可守，构造最为坚固。墙内外壁的表层用大块条石砌筑，里层填以巨大的块石，形成内外墙体，均用糯米汁加石灰灌浆。内外壁之间再用黄土、片石隔层夯实。北城墙及西城墙大部分地段倚山临湖，地形复杂，城墙结构比较简单，或全部用城砖砌筑，或在砖筑的内外墙体中间夯填黄土块石。东城墙的部分地段，城墙外壁用条石砌筑，内壁用砖砌筑，中间夯填黄土、乱石或碎城砖。还有一些特殊地段依山而建，仅在外侧修筑砖石墙体，或下部利用原有的陡峭石壁，只在山顶加筑很矮的砖墙。城墙顶部一般在桐油和黄土拌和的夯土层上再平砌数层城砖。顶部边沿有石流水槽和伸出墙外的滴水槽。城门共 13 座，门上有城楼，重要的城门设 1～3 道瓮城，保存至今的有聚宝、石城、神策、清凉 4 门。聚宝门（辛亥革命后改称中华门）瓮城规模最大，东西宽 118.57 米，南北长 128 米。城顶原有木结构敌楼，城门设铁闸和木门，瓮城两侧有登城马道，主城内侧上下两层及瓮城两侧共有 27 个藏兵洞。此门已经过整修，辟为旅游景点，1984 年成立中华门文物保管所。此外，在城墙下的河流进出及泄水口处，还设水门、水闸或涵洞。

　　布局　明南京城的规划突破方整对称的传统都城形制，把建康城、石头城、南唐江宁城旧址和富贵山、覆舟山、鸡笼山、狮子山、清凉山等都包在城内，城的布局及道路系统呈不规则形状。根据地理条件和实际需要，在元代旧城东侧新建皇城、宫城。宫城位于钟山南麓，南北长 2.5 千米、东西宽 2 千米，宫前御道两侧是各部及五军都督府等中央官署。御道南出正阳门，门外东有天地坛，西有山川坛，是皇帝郊祀的场所。现宫城建筑全毁，仅遗存石柱础和琉璃瓦等。明北京城皇城的布局即模仿南京城的制度。民居、商业区在南，基本保留和利用元的旧城区，在主要街道两旁有店铺和买卖货物的"官廊"及大小市场和酒楼。驻军区设在城西北比较荒凉的地带。旧城北面，鸡笼山顶有观象台，鸡笼山以南有国子监，以西的黄泥岗上有计时报警的钟楼、鼓楼。城西北沿江一带是交通和对外贸易的枢纽，有龙江关、龙江市和接待外国商人的龙江驿。明孝陵建在城外钟山南麓独龙阜，是朱元璋的陵墓。钟山西麓则有明初功臣墓，常遇春、徐达、邓愈、吴良、吴祯、李文忠等墓的神道石刻尚有留存。

［二、北京城］

中国明清两代都城。建于明初（1421 年起），是在元大都的基础上改建和扩建而成的，清代沿用并有所增修。明清北京城在规划思想、布局结构和建筑艺术上继承和发展了中国历代都城规划的传统，在中国城市建设历史上占有重要地位。

沿革 明朝 1368 年开国，建都南京；于洪武元年（1368）将元大都改称北平。明永乐元年（1403）决定升北平为都城，称北京。永乐四年动工，永乐十五年兴建宫殿，永乐十九年由南京迁都北京。建设过程中，共集中全国的匠户 2.7 万户，动用工匠 20 万～ 30 万人，征发民夫近百万。明亡后，清王朝仍建都北京。清初由于火灾和地震，宫殿很多被毁坏，北京现存宫殿大多是清代重修的，但其布局则尚存明代旧制。

城郭 明北京城包括内城和外城。内城的东西墙仍是元大都的城垣；洪武四年将元大都城内比较空旷的北部放弃，在原北城垣以南 5 千米处另筑新垣（即今德胜门、安定门一线）；永乐十七年又将南垣南移一里（即今正阳门、崇文门、宣武门一线），形成的内城东西长 6635 米，南北长 5350 米。到嘉靖年间（1522 ～ 1566），在内城南垣以外发展出大片居民区和市肆。为加强城防，修筑了外城墙，形成外城。外城东西长 7950 米，南北长 3100 米。原计划在内城东、西、北三面也修建外城墙，但限于财力，终明之世未能实现。清朝因同北方少数民族关系友好，无须再建外城。这样就使明清北京城的平面轮廓呈凸字形。北京城人口在明末已近百万，清代超过百万。

布局 明北京城的规划贯穿礼制思想，继承了中国历代都城规划的传统。主要体现在：

在功能分区上，宫城（即紫禁城，今故宫）居全城中心位置，宫城外套筑皇城，皇城外套筑内城，构成三重城圈。宫城内采取传统的"前朝后寝"制度，布置着皇帝听政、居住的宫室和御花园。宫城南门前方两侧布置太庙和社稷坛，再往南为五府六部等官署。宫城北门外设内市，还布置一些为宫廷服务的手工业作坊。这种布置方式完全承袭了"左祖右社，面朝后市"的传统王城形制。

居住区分布在皇城四周。明代分为37坊，清代分为10坊。坊只是城市地域上的划分，不具里坊制的性质。居住区结构同大都城相仿，以胡同划分为长条形的住宅地段。内城多住官僚、贵族、地主和商人；外城多住一般平民。清初满族住内城，汉族及其他民族多居外城。

金中都城

元大都城

明清北京城

北京城址变迁示意

商业区的分布密度较大。明代在东四牌楼和内城南正阳门外形成繁荣的商业区。由于行会的发展，同行业者相对集中，在现今北京街名中也有所反映，如米市大街、菜市口、磁器口等。城内有些地区形成集中交易或定期交易的市，例如东华门外的灯市在上元节前后开市10天。还有庙会形式的集市。清代定期的集市有五大庙会，外城有花市集、土地庙会，内城有白塔寺、护国寺、隆福寺庙会。此外还有固定的商业街，如西大市街。清代商品运输主要靠大运河，由城东通往通州的运河码头较便捷，因而仓库大多在东城。

在建筑布局上，运用中轴线的手法。这条轴线南端自永定门起，北端至鼓楼、钟楼止，全长8千米，是布局结构的骨干。皇帝所居的宫殿及其他重要建筑都沿着这条轴线布置。中轴线南段自永定门起，向北到正阳门，是一条笔直的大道，大道两侧布置了天坛和先农坛两组建筑群。从正阳门北向经过大清门（明朝原称大明门），即入T字形的宫前广场。广场南部收缩在东西两列千步廊之间，形成一条狭长的通道；广场北部向左右两翼展开。广场北面屹立着庄严宏伟的天安门，门前点缀着汉白玉的金水桥和华表。进天安门，经过端门、午门和太和门即为六座大殿（清代重修的太和殿、中和殿、保和殿前三殿和乾清宫、交泰殿、坤宁宫

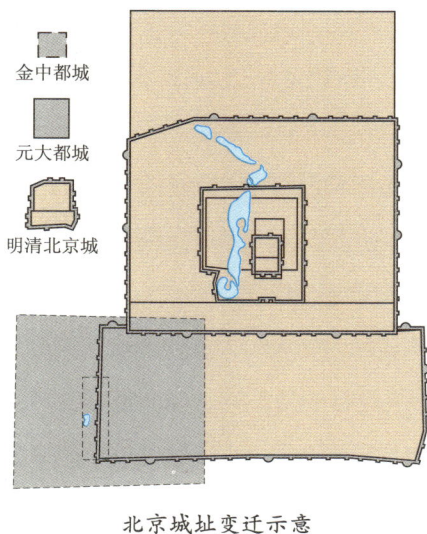

后三殿），这六座形式不同的宫殿建筑和格局各异的庭院结合在一起，占据中轴线上最重要部位。在紫禁城正北，矗立着近50米高的景山，是全城的制高点。在景山北，经过皇城的北门——地安门，抵达中轴线的终点——鼓楼和钟楼。北京城的整个建筑布局在中轴线上重点突出，主次分明，整齐严谨，端庄宏伟。

明清北京城在元大都的基础上扩建，形成方格式（棋盘式）道路网，街道走向大都为正南北、正东西。城内主要干道是宫城前至永定门的大街和宫城通往内城各城门的大街。外城有崇文门外大街、宣武门外大街以及联结这两条大街的横街。由于皇城居中，所以内城分成东西两部分，东西向交通受到一些阻隔，方格式路网中出现不少丁字街。

明代主要宫苑如紫禁城以西的西苑，是利用金元时期以太液池（今北海和中海）和琼华岛为中心的离宫旧址扩建而成。明初还在太液池南端开凿了南海。清代继续扩建以三海（北海、中海、南海）为中心的宫苑；大片的园林水面和严谨的建筑布局巧妙结合，堪称杰作，直至今日仍是北京城市中心地区园林绿化的基础。清代还在西北郊兴建大批宫苑，包括圆明园、长春园、万春园、静明园、静宜园、清漪园（后称颐和园）等。这些宫苑，各具特色，形成环境优美的风景地带。清代内城许多贵族府第还有私家宅园。

在给水排水方面，城市一般居民饮水主要靠人工凿井，在几条胡同之间有一两口水井。元代开辟了西北郊白浮泉新水源，又把玉泉山的泉水引入大都城内，为宫廷和园林（以及大运河）供水。至明代，因渠道失修，白浮泉断流，城市水源枯竭，只靠玉泉山泉水流经瓮山泊注入城内积水潭，其中一支流入太液池。到清代开拓瓮山泊成为昆明湖，增加了济漕和园林的水源。

明清北京城的排水系统也是在元大都的基础上发展起来的。紫禁城内的排水沟渠自成独立系统，除地下暗沟外，还有明渠——内金水河。护城壕既有防御作用，也是城内供水和排洪泄污的明渠。德胜门外西水关是从护城壕引水入关的上游，前三门外的护城壕则是城内主要沟渠排水泄污的下游。城内主要沟渠有大明壕、东沟、西沟以及东长安街御河桥下沟等。这些沟渠都顺地势，自北向南流去。

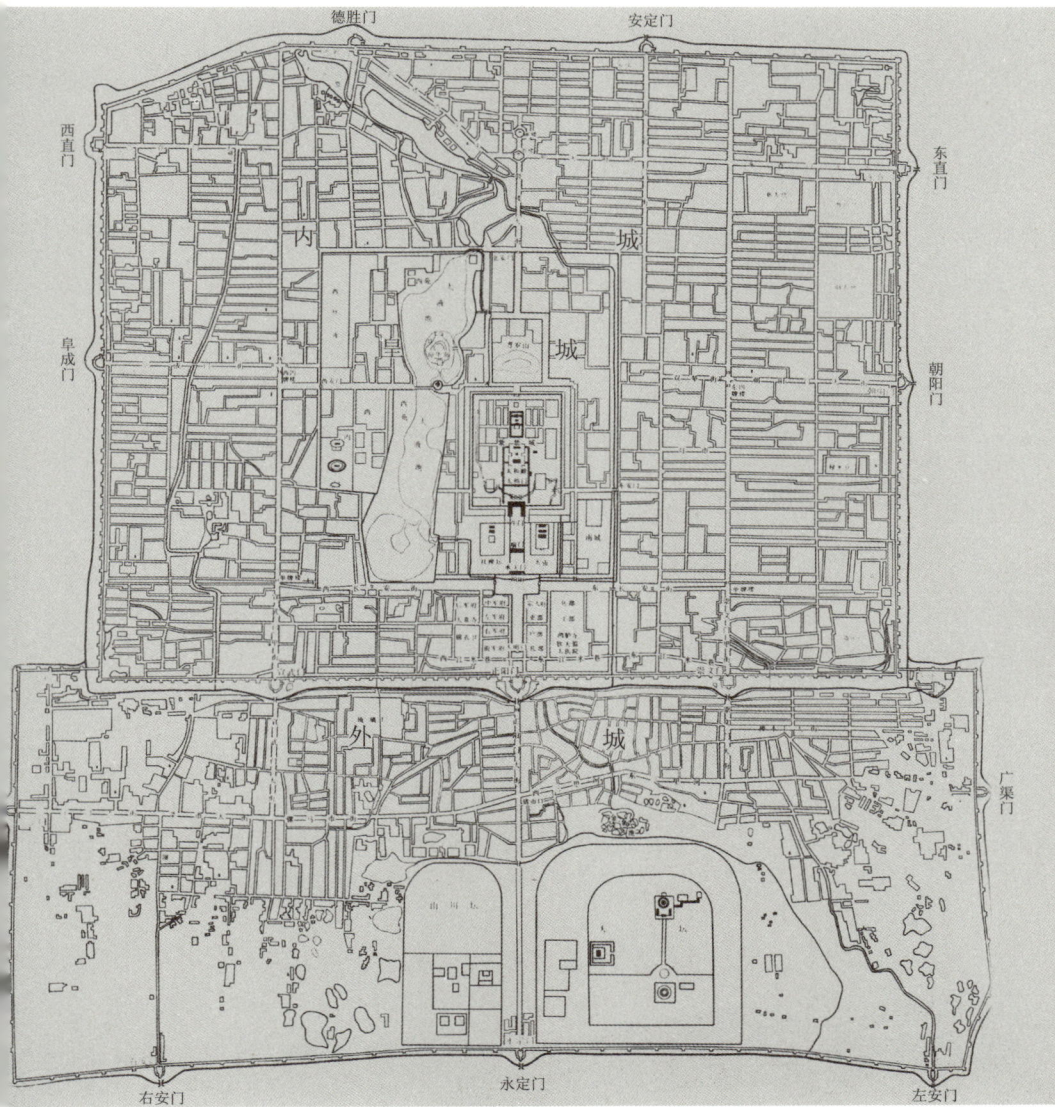

明北京城图

　　外城有龙须沟、虎坊桥明沟和正阳门东南三里河等沟渠，都起着排泄前三门护城壕余涨的作用，实际上是内城排水系统的一部分。

[三、紫禁城]

北京有着三千多年历史，曾为六朝古都。《周礼·考工记》有载："匠人营国，方九里，旁三门，国中九经九纬，经涂九轨，左祖右社，面朝后市，市朝一夫。"元大都宫城初具当今故宫雏形，明成祖朱棣自南京迁都于此，在元大都宫城基址上向南扩展。

紫禁城寓意象天法地——天上有玉皇大帝紫微垣，地上有皇家住所紫禁城。紫禁城始建于明永乐四年（1406），完成于永乐十八年，清代又重建、重修，整体布局保留了明代旧貌——作为明清皇宫，世界现存最大、最完整的木结构古建筑群，至今仍精美绝伦，蔚为大观。

紫禁城南北长约961米，东西宽约753米，四周城墙高约10米，并环绕宽52米的护城河。南、北、东、西四座城门，分别为午门、神武门、东华门、西华门。城墙四隅各建有一座角楼。

紫禁城内部包括南部外朝与北部内廷两部分，是由南而北按照"前朝后寝"格局分布的庞大建筑群。前朝以太和、保和、中和三大殿为中心，以文华、武英两殿为两翼，这里是皇帝处理朝政的区域；内廷以乾清宫、交泰殿、坤宁宫为中心，东西两路又形成分别以宁寿宫和慈宁宫为中心的建筑群，这里是皇帝和嫔妃居住的区域。

　　除了上述中轴线对称的布局特征外，紫禁城沿用了中国常用的建筑手法：利用平矮而连续的回廊以衬托高大的主体建筑，造成相对开朗而又主次分明的艺术效果。这种手法在太和殿的周围表现得十分突出。

　　太和殿是我国现存木结构古建筑中体量最大、等级最高的一座。其内部构件共有6行楠木柱，每行12根，形成了面阔11间（共60米）、进深5间（33.3米）的空间。楠木柱高14.4米、直径1.06米，均是整块巨木。上层檐斗栱出跳四层，下层檐斗栱出跳三层，是古代等级最高的斗栱。

　　清代康熙年间，江南木工雷发达被征调到京参加清宫建设，其中包括三大殿

的设计和建造。之后，雷发达及后人以其精湛的建筑技艺被人们尊称为"样式雷"，如今保存在国家图书馆、故宫博物院等处的"样式雷"建筑图档，已经成为珍贵的建筑史资料。

所谓"样式雷"烫样，就是等比例缩小的立体模型。烫样看似简单，但内藏着诸多玄机，烫样皆可层层拆卸，打开屋顶可以看到内部梁结构和彩画形式，以及清晰可见的尺寸标签，精致无比。"样式雷"烫样作为中国古建筑特有的产物，对技术的研究与发掘至关重要，不但打破了外国对中国建筑没有设计的固有印象，更是将中国古建筑的发展和研究提升到了一定地位。

清代皇家兴建工程均由内务府负责，分"样式房"和"销算房"，样式房负责建筑设计，销算房负责工程预算。了解中国建筑史的人大多知道有个"样式雷"，然而却很少有人知道，除"样式雷"之外，北京还有与之齐名的"算法刘""算房高"，中国科技史界也正对此进行研究。

［四、沈阳故宫］

中国清代努尔哈赤和皇太极两朝的宫殿。在辽宁省沈阳市，居沈阳旧城的中心。努尔哈赤于1616年建后金国，定都新宾。天命六年（1621）迁都辽阳。天命十年又自辽阳（东京）迁都沈阳，开始营建宫殿。崇德元年（1636）改国号为清。清入关定都北京以后，这里成了留都宫殿。康熙初，沈阳设奉天府，故又有奉天宫殿之称。康熙、乾隆两朝进行了改建和增建。1926年在皇宫建筑群的基础上建立了东三省博物馆，现称沈阳故宫博物院。2004年沈阳故宫作为明清皇宫文化遗产扩展项目列入《世界遗产名录》。

沈阳故宫占地约为6万多平方米。整个布局分三路，中路最宽最长，前有东西向大街，街上设文德、武功两牌坊，街南有左右对称的奏乐亭和朝房、司房等建筑，围成一个小广场。大清门临街，门内中轴线上依次为崇政殿、凤凰楼和清

沈阳故宫凤凰楼

宁宫，连同配楼、配阁、配斋、配宫等组成三座院落，是整个建筑群的中心。中路主要建筑如大清门、崇政殿、清宁宫以及两坊两亭等建成于天聪至崇德初年，主持工程的匠师是刘光先。凤凰楼建于康熙年间，其他飞龙、翔凤二阁，日华、霞绮二楼，师善、协中二斋都是乾隆年间增建的。中路左右各有一跨院，称东宫、西宫。东宫内有颐和殿、介祉宫和敬典阁等，西宫内有迪光殿、保极宫、继思斋和崇谟阁等，都是乾隆十一年（1746）增建的。大清门之东另有一座高台，上为太庙，是乾隆四十三年从他处移来再建的。

东路为一狭长的大院，院内大政殿原名笃恭殿，居北部正中，为重檐八角攒尖顶，是努尔哈赤时期将东京城的八角殿（亭）移来再建的。大政殿前两侧排列10座歇山顶小殿，称十王亭；最北两座为左右翼王亭，其余8座按八旗方位依次排定，是八旗制度在宫殿建筑上的体现。十王亭呈梯形排列，增强了大政殿广场的透视感。

西路文溯阁建于乾隆四十六年，庋藏《四库全书》和《古今图书集成》。阁前为嘉荫堂，阁后为仰熙斋，分别是皇帝看戏和读书的地方。

沈阳故宫的早期建筑，风格浑朴粗犷，除大政殿外，大清门、崇政殿、清宁宫等均为硬山顶，不用斗栱，主次建筑之间的等级差别不大。建筑色彩则凝重强烈，屋顶多用剪边琉璃和花脊花兽，山墙墀头也都用彩色琉璃。建筑布局和细部装饰保持着民族特色和地方特色，建筑艺术上体现了汉、满、藏族的交流和融合。

［五、北京太庙］

在中国北京市天安门至午门间大道的东侧，是明清两朝祭祀本朝已故皇帝的地方。始建于明永乐十八年（1420），明嘉靖二十四年（1545）重建成现在的面貌。它是历史上唯一保存下来的太庙建筑。1950年改为北京市劳动人民文化宫。

太庙有二重围墙，平面呈南北长矩形。外围墙东西205米，南北269米。墙外满布柏树，气氛宁静肃穆。南面并列三座琉璃门，门内有金水河通过，跨河有七座单孔石桥。金水河北为太庙主体建筑，有内围墙环绕。它的南门称戟门，以门外原列戟120杆作为仪仗而得名。戟门的屋顶曲线平缓，出檐较多，与一般清代建筑相比，具有明显的明代特点。戟门内在中轴线上布置前殿、中殿、后殿三座大殿，前殿和中殿建在一个三层的土字形汉白玉石台基座上。前殿是皇帝祭祀时行礼的地方，原为九间，后改为十一间，黄琉璃瓦重檐庑殿顶。殿前有月台和宽广的庭院，东西两侧各建配殿十五间，分别配飨有功的皇族和功臣。中殿供奉历代帝后神位，面阔九间，是黄琉璃瓦单檐庑殿顶。中殿东西两侧各建配殿五间，用以储存祭器。后殿供奉世代久远而从中殿迁出的帝后神位，面阔九间，黄琉璃瓦庑殿顶，形式和中殿基本相同。

中殿和后殿之间有墙相隔。在太庙总体设计中，以大面积林木包围主建筑群，并在较短的距离安排多重门、殿、桥、河来增加入口部分的深度感，以造成肃穆、深邃的气氛。大殿体积巨大，坐于三层台基之上，庭院广阔，周围用廊庑环绕，以取得雄伟气氛。此外，大殿内檐彩绘以香黄色为底色，配简单的旋子图案，加强了建筑物的庄重严肃气氛。

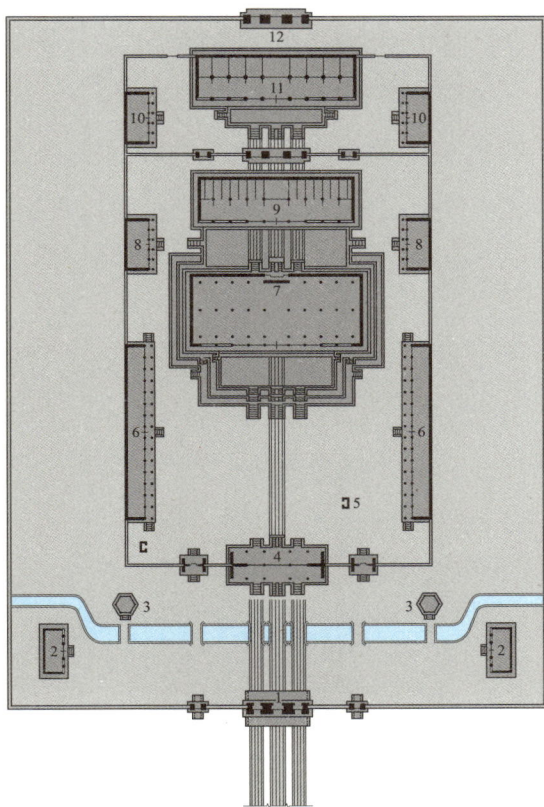

北京太庙平面图
1 前门　2 库房　3 井亭　4 戟门　5 焚香炉
6 前配殿　7 前殿　8 中配殿　9 中殿
10 后配殿 11 后殿　12 后门

[六、天坛]

中国明清皇帝祭天和祈祷丰年的场所。在北京永定门内。它是保存下来的封建王朝祭祀建筑中最完整、最重要的一组建筑，也是现存艺术水平最高、最具特色的优秀古建筑群之一。1961 年定为全国重点文物保护单位。1998 年列入《世界遗产名录》。

始建于明永乐十八年（1420），原称天地坛，主体是合祭天地的大祀殿，为矩形殿堂，前有门和两庑。嘉靖九年（1530）为分祀天地，在大祀殿南面建祭天的圆坛，即现在的圜丘。嘉靖十九年又在原大祀殿处建行祈谷礼的大享殿，即现在的祈年殿。清乾隆间，又改圜丘的蓝琉璃栏杆、地面砖为石制，改皇穹宇的二层檐为单层檐，改祈年殿三层檐分用蓝、黄、绿琉璃瓦为纯用蓝琉璃瓦。明代所建祈年殿于1889年毁于雷火。现殿是1890年按原式重建的。

天坛有内外两重围墙，外墙南北1650米，东西1725米，内墙南北1228米，东西1043米。正门在西面。内外墙的南面二角都是方角，北面二角都是圆角，以附会"天圆地方"之说。坛内主要建筑圜丘和祈年殿，布置在稍偏东的南北轴线的南北两端，中央连以长359米的砖砌高甬道，通称"丹陛桥"。另在第二重墙西门内南侧有皇帝祭前斋戒时居住的斋宫，是一座城池环绕的砖砌筒壳建筑，通称无梁殿。

圜丘是每年冬至日祭天处。为汉白玉石砌的三层露天圆坛，围绕着石雕栏杆，下层径54.7米。中国古代认为天是阳性，又以奇数为"阳数"，故圜丘的台阶、栏杆、铺地石块等都取1、3、5、7、9等奇数或其倍数，以象征同天的联系。坛外有两重矮墙，外方内圆，四个正方向都有白石做的棂星门。内外墙之间有祭祀用的燎炉和望灯。圜丘以北有皇穹宇，祭天所用"皇天上帝"牌位平时即存放于此。它是一座圆形单檐攒尖蓝琉璃瓦顶建筑，殿有

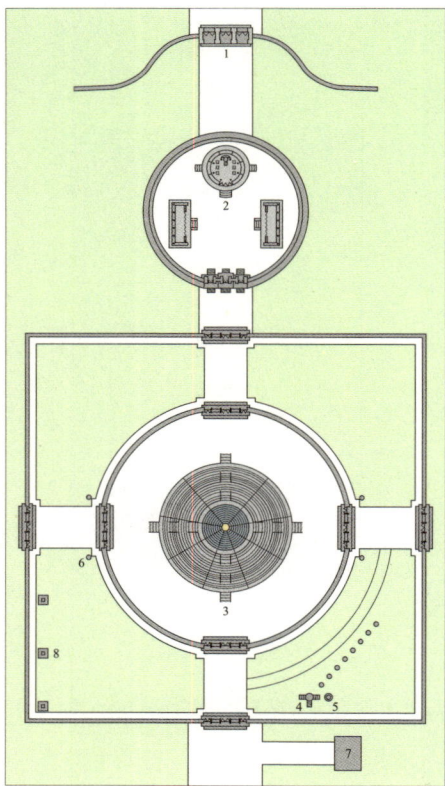

圜丘和皇穹宇平面图

天坛圜丘及其他建筑群

八根内柱，上部挑出镏金斗栱，承圆形天花，宛如伞盖。殿外有一圈环形围墙，俗称回音壁。正面开三个蓝琉璃瓦顶的券门。圜丘和皇穹宇都有环形围墙。声波经围墙反射，可造成特殊音响效果。

祈年殿为皇帝每年正月上辛日举行祈谷礼的处所，建在东西163.2米、南北187.5米、高度和丹陛桥相同的砖台上。台围以矮墙，四面设门，正中建一座直径90.9米、高约6米的三层汉白玉石砌圆形基座，称"祈谷坛"。坛中央建祈年殿，殿平面圆形，直径24.5米，周围12柱，装隔扇、槛窗和蓝琉璃砖槛墙，上覆三重檐蓝琉璃瓦攒尖顶，总高约38米。殿内外圈用12根金柱与12根檐柱共同承托中、下层檐。中心用4根高19.2米的龙井柱，柱间架弧形阑额，每额上立两根瓜柱，共为12根，承托天花藻井和上檐屋顶。据说此殿设计时以圆形平面象征天，以四龙井柱象征四季，以12根金柱和檐柱分别象征12月和12时辰。此殿结构雄伟，构架精巧，室内空间层层升高，向中心聚拢，外形台基和屋檐层层收缩上举，都

造成强烈的向上动感，以表现与天相接。

　　整个天坛只疏朗地布置少量建筑，其余空间满植翠柏。柏树林起着远隔尘氛、造成静谧环境的作用。圜丘、丹陛桥和祈年殿都高出地面，越过矮墙，可以看到树梢，衬托出建筑高出林表之上与天相接的效果。为了象征天，天坛主要建筑都是圆形，而圆形建筑简单、明确的形体，加上统一的色调，造成庄严肃穆的效果。

［七、社稷坛］

　　在中国北京天安门至午门间大道的西侧，是明清两代帝王祭祀社（土地神）和稷（五谷神）的地方。建于明永乐十八年（1420）。中国历代都城都分别设太社、太稷，明成祖迁都北京后，将社稷合为一坛设祭。明初定制，都城、王国、州县皆设社稷坛。北京社稷坛是现在仅存的一座，北京社稷坛所在区域于1928年辟为中山公园。

　　北京社稷坛有长方形围墙，周设四门，墙外遍植松柏。因祭典是由北向南设祭，故社稷坛正门设在北面。入正门为戟门和拜殿，再南为社稷坛。整个组群布局的

社稷坛五色土

特点是轴线方向朝北。戟门面阔五间，单檐歇山顶，覆黄琉璃瓦。祭典时，门内列戟72杆，故名戟门。拜殿（现改为中山堂）也是五间宽，殿身构架采用彻上明造，室内可以看到整个梁架结构。在文献中没有发现这一建筑毁坏或重建的记载，可知是北京现存明代宫殿坛庙建筑中最早的一座。社稷坛为汉白玉石砌成的三层方台（清代乾隆以前的坛制多为两层方台），上层每边15.93米，高近1米；四面台阶，各有四级。上层按五行方位填筑五色土壤，中间黄色，东方青色，南方红色，西方白色，北方黑色，象征"普天之下莫非王土"。台面中央埋设"社主石"。坛的四周围绕墙墙（矮围墙），每面有棂星门一座。墙墙四边各按方位饰以四种不同颜色的琉璃砖瓦。

［八、曲阜孔庙］

中国古代大思想家、教育家孔丘（孔子）的祠庙，原址是他的故居鲁城阙里（今山东曲阜）。是全国现存仅次于北京故宫的巨大古建筑群，中国古代大型祠庙建筑的典型，保持着宋金以来的总体布局和金元以来数十座古建筑。1961年定为全国重点文物保护单位。1994年孔庙同孔府、孔林一起被列入《世界遗产名录》。

孔子死后不久，故居改为纪念他的庙。东汉永兴元年（153）正式成为国家所立的庙，历朝多有修建。北宋天禧二年（1018）大修孔庙，基本形成现在大中门以北部分的布局。明弘治十二年（1499）毁于火，弘治十七年重建，形成现在的规模。现存建筑除少量金元遗构外，主要是明清建造的。

曲阜县城原在孔庙东十里，明正德八年（1513）迁至孔庙处，以利保护。新县城以孔庙为中心，入曲阜南门隔一横街即为孔庙外门，这在中国古代城镇布局上是一特例。

孔庙占地近10公顷，纵长600米，宽145米，前后有八进庭院，殿、堂、廊、

孔庙大成殿

庑等建筑共 620 余间。前三进都是遍植柏树的庭园，第四进为奎文阁建筑组，第五进为碑亭院，第六、第七进为孔庙主要建筑区，第八进为后院。

孔庙前三进为引导部分，布置有金声玉振牌坊、石桥、棂星门、圣时门、弘道门和大中门，各院落内古柏葱翠。自大中门起才是孔庙本身，平面长方形，周围有院墙，四角有角楼，仿宫禁制度。自大中门入内经同文门，为一座两层楼阁——奎文阁。阁高 24.7 米，是孔庙的藏书楼，建于明弘治十七年。奎文阁至大成门之间为碑亭院落。其中隔一横街，东、西有两侧门，东称毓粹门，西称观德门。道路两旁，左右对称地布置有历代帝王所立的石碑和碑亭。碑亭共十三座，皆重檐高阁，形体宏大，金、元各一座，余为明清所建。

进入大成门即为孔庙的主要建筑区，包括大成殿、寝殿、圣迹殿以及两侧的东庑、西庑等。这部分的规模布局，明代以前已经形成，明中叶曾改建，清代又加修建。大成殿是供奉孔子的大殿，正中供祀孔子像，两侧配祀颜回、曾参、孟轲等十二哲像。殿始建于宋天禧元年（1017），明重建，清雍正二年（1724）再建成现状。殿面宽九间，进深五间，重檐歇山顶，覆黄色琉璃瓦。殿建在两层石砌高台上，规制相当于故宫保和殿。殿的外檐柱都用石料琢成，为明代遗物。正面十根石柱刻有蟠龙，上下两龙对翔戏珠。柱脚一周刻假山石图样，山石下刻莲瓣一周。再下为柱础皆刻重层宝装覆莲，所有雕刻意态浑朴。殿内柱用楠木；天花错金装龙；彩画五色间金，富丽堂皇；中央藻井蟠龙含珠，如太和殿形制。大成殿前露台宽阔，为祭祀时舞乐之处。殿前相传是孔子讲学的所在，建有"杏坛"亭，周围保留了年代久远的柏树，环境安静肃穆。大成殿后为寝殿，供奉孔子夫人。两侧庑殿则祀奉孔门弟子及历代先贤名儒的牌位。再后为圣迹殿，明万历二十年（1592）建，现存仍为原物，殿中有孔子周游列国的线刻石画 120 幅。

孔庙虽地处山东，建筑则是历朝官修的，虽不免少量地方风格掺入，仍可视为研究金、元、明、清官式建筑的极好实例。

［九、曲阜孔府］

在中国山东省曲阜市孔庙的东侧，是孔子嫡系后裔——"衍圣公"的府邸。它是现存最完整的一座"公府"。1961 年定为全国重点文物保护单位。1994年孔府同孔庙、孔林一起被列入《世界遗产名录》。

北宋至和二年（1055）仁宗封孔子 46 世孙孔宗愿为"衍圣公"后，在仙源（今曲阜城东十里）建造了衍圣公府。现存孔府为明洪武十年（1377）孔子 55 世孙孔克坚时，朝廷在阙里孔庙及孔子故居以东敕建的新府。弘治年间遭火灾，弘治十六年又奉敕重修。正德八年（1513），曲阜县城移至孔庙、孔府所在地，以便于保卫，孔庙、孔府便成为曲阜新城的中心区的主要建筑。

孔府明代占地 16 公顷，清代逐渐缩小，现占地约 4.5 公顷。其布局分为中、东、西三路。中路前为衍圣公视事衙署，后为内宅。衙署共设三堂六厅，大堂为五间九檩悬山建筑，前设大月台，中部三间为前檐空敞的大厅。堂前东西厢房按

孔府大门

明制设知印、典籍、管勾、掌书、司乐、百户六厅。二堂五间七檩，有穿堂与大堂相连，呈"工"字形。后堂与东西厢房组成庭院。这种堂厅建筑布置为明清两代衙署的典型格局。后面内宅是生活院落，包括前上房、前堂楼、后堂楼、后五间及两侧的厢房楼房。前上房为七间悬山建筑，是举行家宴和婚丧仪式的场所。前、后堂楼均七间二层，为孔府主人及内眷居室，后花园名为"铁山园"。东路名东学，有家庙、慕恩堂等祠庙和接待朝廷钦差大臣的九如堂、御书堂等建筑；厨房、酒坊等服务用房也在东路。西路名西学，有衍圣公读书和学诗习礼的红萼轩、忠恕堂，以及接待一般宾客的南北花厅等。

按封建礼制，孔府的规模之大已超过公府的定制。中、东、西三路房屋将政务、祭祀、读书、宴客、生活、供应包罗俱全，布局俨然是小型宫殿。孔府在大门、二门、仪门、正厅等处明间阑额上绘有宫廷"双龙捧珠"的和玺彩画，反映出它是拥有皇家特权的贵族府第。

［十、皇史宬］

中国明清时期的皇家档案库。位于今北京南池子大街。始建于明嘉靖十三年（1534），为中国保存最完好的古代档案库。初建时，命名神御阁，拟藏历代帝王画像、实录、圣训；建成后，更名为皇史宬，收藏圣训、实录，帝王画像则另由景神殿庋藏。

总面积 8460 余平方米。正殿为庑殿式建筑，沿古代石室金匮之制，全为砖石结构，不用木植，既有利于防火，又坚固耐久。室内筑有 1.42 米高的石台，上置贮藏档案的雕龙云纹镏金铜皮木柜 153 个。铜

皇史宬正殿外景

皮木柜既能防火，又可防潮，有利于档案文献的安全保护。正殿东西各有配殿 5 间，砖木结构，仅为衬托。东配殿北侧有一座碑亭，重檐二重四角方形，是清嘉庆十二年（1807）重修时增建。除收藏实录、圣训外，还收藏明清两代玉牒、《永乐大典》副本、《大清会典》、题本的副本、《朔漠方略》以及各将军印信等。实录、圣训、玉牒送往皇史宬收藏时，要举行"进呈"、"祭告"、"奉安"仪式；启匮查阅时，也要"焚香九叩首"。明代由司礼监管理。清代由内阁满本房掌管收藏事宜，另设守尉 3 人，守吏 16 人，负责守卫和管理。

1900 年，八国联军侵占北京并进驻皇史宬，建筑、设备及所藏蒙受很大损坏。中华人民共和国建立后，几经修缮，1982 年被列为全国重点文物保护单位，由中国第一历史档案馆管理和使用。

[十一、东阳卢宅]

中国古代民居建筑。位于浙江省东阳市卢宅村。卢氏自宋代从北方迁来，世代在此聚族而居。从明永乐十九年（1421）卢睿成进士起，到清代中叶科第不绝，形成一处较完整的明、清住宅建筑群，是典型的封建家族聚居点。1988年国务院公布为全国重点文物保护单位。

建筑群三面环水，南对笔架山，一条卵石小街贯穿东西。全宅布局以肃雍堂建筑群为主轴线，左右有平行的世德堂、大夫第、世进七第、五台堂、柱史第、五云堂、冰玉堂等建筑群。又有卢氏祠堂、善庆堂、嘉会堂等建筑。自仪门开始共有9组院落，总长216米，每组为家族中一"房"的住所。肃雍堂轴线上的建筑有照壁、曲尺形甬道（甬道上三座石坊今已无存）、捷报门、国光门、肃雍堂、后堂、乐寿堂、门楼、世雍堂、中堂、后堂等。其中肃雍堂是卢氏家族公共厅堂，面阔三间，带左右挟屋，斗、栱、梁、枋、檩等都刻有花纹或绘有图案，极尽东阳木雕和彩绘的技能。1985年开始对肃雍堂轴线上的建筑进行修缮，并建立卢宅文物保管所。东阳卢宅今已成为旅游景点。

肃雍堂

［十二、飞云楼］

中国明代木构楼阁建筑。在山西省万荣县东岳庙内。约建于明正德年间（1506～1521），经明清两代多次重修，仍基本保持原貌。

山西万荣飞云楼

主要特色是外观造型灵活多变，构架形式完整统一。为整体式结构，主要荷载由贯穿3层的4根通天柱承担。全高23.19米。底层平面为正方形；上两层各面都凸出一个十字脊歇山顶的抱厦，平面呈"亞"字形。各向立面有3个歇山顶、6层檐口，角部有8个翼角。全楼有大小82条琉璃屋脊及各类附有雕饰的斗栱，各角起翘给人以凌空欲飞之感，堪称层檐叠角，形象奇特。它在造型方面受宋代楼阁建筑的影响，将平台、披檐、抱厦、十字脊屋顶等多种处理手法组合在一座建筑中，使之呈现出雄伟华丽的风格。

[十三、经略台真武阁]

中国古代道教宫观建筑。在广西壮族自治区容县县城东门外，前临绣江，面对南山。相传中唐诗人元结任容管经略使时，在此建台，作为操练甲兵和观赏风景之用，因称经略台。现经略台高约4米。真武阁在台中央偏北，建于明万历元年（1573）。1982年定为全国重点文物保护单位。

真武阁为木结构建筑。三层三檐，歇山顶。出檐深远，造型独特。通高13.2米，面宽13.8米，进深11.2米。全阁的构件用近3000条大小不等的格木构成，以杠杆原理，串联成相互制约的整体结构。全阁不用一件铁活。二层楼有4根内柱，承受上层楼板、梁架、配柱和屋瓦、脊饰等全部荷载。而柱脚却悬而不落，离楼板5～25毫米，成为这一建筑最大的结构特点。关于真武阁的悬柱，目前有两种看法：一种认为是有意的创作，一种认为是无意的巧合，是长期以来建筑构件变形的结果。400多年来，此阁经受多次风暴袭击和地震摇撼，始终巍然屹立。

[十四、武当山金殿]

中国古代铜铸镏金宫观建筑。又称金顶。在湖北省丹江口市著名道教圣地武当山主峰天柱峰的顶端，建于明永乐十四年（1416）。1961年定为全国重点文物保护单位。1994年武当山古建筑群列入《世界遗产名录》。

金殿下为花岗岩石高台基，四周绕以精美的汉白玉石栏杆。殿通体以铜冶铸，表面镏金。各构件以榫接或焊接，互相搭联成为整体。其结构形制、细部构件和装饰纹样都严格地模仿木构建筑，外观庄严

凝重。殿身共有柱 12 根，重檐庑殿顶，总高 5.5 米，面积 24.36 平方米。金殿上下檐均设规整的斗栱和檐椽、飞椽，内部有藻井。在柱头、枋额和天花等部位上，镌刻的花纹图案均模仿木构建筑中的彩绘和雕饰，线条流畅。殿顶的正吻、垂兽、戗兽、小走兽以及勾头、滴水等雕饰部件的工艺水平，比木构建筑中的琉璃作更为精细生动。

[十五、崇善寺]

中国佛教寺院。位于今山西省太原市内，建于明洪武十四年（1381），是明代大型敕建佛寺的典型代表。现仅存后院大悲殿，但明成化十八年（1482）的庙貌图仍存，可全面反映其布局原状。

寺南向，基地规整，为纵长方形，据载，东西长 290 多米，南北长 570 多米。山门前有东西横街，经过街门通向城市。街南三院，正中横院设棂星门和照壁与山门相对，丰富了山门前的处理。横街则密切了寺院和城市的联系。山门内布局分左中右三路，

崇善寺大悲殿

以最宽的中路为主。正中大回廊院是全寺核心，院门为天王殿，院内主殿九间，单层重檐庑殿顶，下有两层白石台基。殿左右为朵殿，殿北以中廊与后殿相连成工字形。　院北隔横路并联三座小院，中院较大，以大悲殿为主殿。在大回廊院东西各隔以通长的南北夹道，建左右路各九座小院。其中从南至北第四院的东西轴线恰与回廊院东西廊上的配殿所形成的寺院横轴相重，在此两小院的外侧建面向寺内的殿堂，以中廊和前述回廊院的配殿连成工字殿。两条夹道北端都有门通后园。全寺布局严格对称，构图谨严，主次分明，气氛隆重。

［十六、平武报恩寺］

位于中国四川省绵阳市平武县城内。明正统五年（1440），龙安府佥事王玺计划仿照明代宫殿形制建造他的府第，因僭越制度未成。后在正统十一年旨准改建为"报恩寺"，于天顺四年（1460）建成。

全寺占地近 2.5 公顷，以重檐歇山顶的大雄宝殿为中心，前为天王殿，后为万佛阁，左为大悲殿，右为华严藏。寺前广场有华表 1 对，山门前有石狮 1 对，山门内有金水桥 3 座，钟鼓楼分列左右，布局严谨，装饰华丽，是一组兼有宫殿和寺庙特征的建筑群。平武报恩寺在结构形式和建筑艺术上提供了研究明代建筑上下承袭关系的重要实物资料。

报恩寺建筑的大木作，多处保留着宋式遗制。为适应当地的防震要求，结构上采取许多独特的处理手法，加强了建筑的整体防震作用。所以全寺建成后经多次大地震仍完好无损。报恩寺天王殿遗留下来的明代额枋彩画，开始出现清式旋子彩画的图案特征。华严藏内完整地保存着一座转轮藏，俗称"星辰车"。大悲殿、大雄宝殿以及万佛阁内有精美的立雕、浮雕和壁画。

[十七、智化寺]

中国佛教寺院。位于北京东城禄米仓，建于明正统九年（1444）前后，原为宦官王振家庙，后改为智化寺。为敕建官式佛寺之一，现寺内建筑及装饰部件仍多为明代原物。

寺南向，山门外有照壁，门内为智化门及钟、鼓楼，智化殿及左右配殿。由山门至智化殿共有7座建筑，可能即唐宋以来禅宗寺院所谓"伽蓝七堂"的制度。智化殿后还有如来殿，实为一楼。楼后过一门为寺院后部，有两进小院，可能是明英宗所建立的祭祀王振的专祠所在。寺后部东西还各有小院，它们都有甬路沿前部两侧通向前方。

此寺布局是明清寺院常见的规整对称方式。如来殿上层四壁有9000多个小型木制佛龛，称"万佛阁"。上层层高较低，天花处理成中高边低如覆斗形，正中又升起藻井，以获得较好的空间印象。其藻井方形，内以支条划为八角，再内以支条作出2个方形交叉45°相套，正中为圆形藻心，沿各支条边侧的斜面和顶板雕饰复杂图案，贴金色，是明代木装修的精品。此藻井在20世纪30年代被盗拆，现藏美国纳尔逊博物馆。如来殿的槅扇棂花也很精美，梁架彩画尚保存有明代原物。智化殿的西配殿在石须弥座上装有木制转轮藏，石座及藏身的雕刻、藏上的圆形藻井及井圈出挑的斗栱都很精美。此外，全寺主体建筑都用黑色琉璃瓦，在中国佛寺中也很少见。为全国重点文物保护单位。

[十八、雍和宫]

中国藏传佛教名寺。位于北京东城区北新桥。始建于清康熙三十三年（1694），初为清世宗即位前的王府。雍正三年（1725）改名雍和宫。乾隆九年（1744）改为藏传佛教寺庙。雍正十三年停放世宗雍正的灵柩，后改名神御殿，雍和宫遂成清帝供奉祖先的影堂，但大部分殿宇为僧人诵经处。

中轴线上，从前往后院落分五进，主要建筑有：首为昭泰门，次为雍和门，后为天王殿，雍和宫居中，宫后为永佑殿，殿后为法轮殿，西为戒坛，后为万福阁（大佛楼）。后院中，东为永康阁，西为延宁阁，最后为绥成楼。

两侧又有东西配殿、四学殿、药师殿、翼楼等附属建筑。昭泰门前为一开阔的广场，三座牌楼分列于东、北、西三面，北面一座为四柱三间九楼，东西两座为四柱三间七楼，均绘龙凤图案，枋正中有乾隆御笔石匾额。广场与昭泰门之间以一条甬道相连。昭泰门后依次为重檐歇山顶钟鼓楼、天王殿，内供奉弥勒像和大型泥塑四天王，是北京地区已知最完整的护法神。弥勒像后有硬木塔两座，扇面墙后立手持金刚杵韦陀像一躯。天王殿前东、西两座碑亭内立清高宗弘历撰文，用满文、汉文、蒙古文、藏文镌刻的《雍和宫碑》。天王殿后有大型铜香炉一座，铸造精美。

整个建筑布局完整，巍峨壮观，具有汉、满、蒙古、藏民族特色。各殿内供

雍和宫万福阁

奉的众多佛像，造型优美，形象生动。寺有三绝：一为金、银、铜、铁、锡制作的五百罗汉山；二为金丝楠木的木雕佛龛；三为大佛楼中总高26米（露地18米）的旃檀木雕弥勒像。藏传佛教格鲁派创始人宗喀巴的铜像也颇为珍贵。天王殿后有一乾隆帝御制碑的《喇嘛说》，碑文着重叙述和考证了"喇嘛"一词的来源以及藏传佛教的渊源。此碑文是研究清代藏传佛教的重要资料。20世纪50年代以前，雍和宫遭到极大破坏。中华人民共和国建立后，曾分别于1950、1952、1979年进行过三次大修整。

[十九、席力图召]

中国内蒙古自治区的喇嘛寺院，汉名延寿寺。席力图为创寺喇嘛之名，"召"为蒙古语寺庙音译。在呼和浩特旧城石头巷，始建于明万历年间，清康熙三十五年（1696）扩建完工。清康熙皇帝出征噶尔丹时经此，曾赠以经卷、弓矢、念珠。康熙四十二年（1703）在寺立纪功碑。布局采用汉式佛寺院落式，而主建筑为藏式，是明清以来呼和浩特著名喇嘛寺之一。1982年定为全国重点文物保护单位。

寺依纵中轴线对称排列，山门前有牌坊，山门内左右有钟鼓楼和东西庑殿，正中为菩提殿。殿北分三路建筑：中路建主殿大经堂，后为佛楼；东路和西路均前为佛殿，后为活佛和喇嘛住宅；东路前有塔院。全寺布局与汉族地区一般大型佛寺基本相同。

最富有蒙古族喇嘛教建筑特征的是大经堂。分为柱廊、经堂、大佛殿三部分。柱廊面阔七间，凸出于经堂之前，用曲角方柱、大雀替和平屋檐。上层檐上加铜法轮和双鹿，左右有平顶檐墙，镶彩色琉璃。廊后为经堂。面阔、进深各九间，用满堂柱64根，上承平顶。柱为方形，配以红色顶棚和青绿色壁画，与前廊都属典型西藏风格。经堂中央三间，在平顶以上开侧窗，上覆歇山顶，形如天窗。

席力图召大经堂外观

经堂后原接大佛殿，已同后面的九间佛楼一起焚毁。这种满堂柱、平屋顶、中间有高起采光窗的做法，是内蒙古、甘肃喇嘛教经堂的通用建筑手法；上面再加汉式小屋顶，就成为汉藏建筑融合的产物。

　　塔院内建有白石雕砌的喇嘛塔，高约15米，雕饰华丽，用彩色勾勒纹饰和"六字真言"，伞盖下加耳形垂饰，在内蒙古地区喇嘛塔中是独具风格的。

［二十、五当召］

　　中国内蒙古地区供喇嘛学习经典的重要寺庙。汉名广觉寺。在包头市东北大青山南麓五当沟内，清康熙年间建造，乾隆十四年（1749）重修。建筑纯用藏式，在山谷内随地形建造佛殿和喇嘛住宅，与一般喇嘛寺的规整布局全然不同。佛殿高大而有赭红墙檐，上加幡轮，住宅则无，高低错落于山谷间，外墙刷白，唯东克尔殿刷黄色，颇为醒目，是一组优美的建筑群。

五当召占地 20 余万平方米，房屋 2500 余间，有六组大殿，三座活佛府，一座陵和大量喇嘛住宅。切林殿用于讲授佛教教义，东克尔殿用于讲授天文地理，阿会殿用于讲授医学，莫伦殿用于讲授喇嘛教历史及教义。各殿形制大体近似，外观二层，砌侧脚很大的厚墙，上部加藏式梯形窗和赭红色墙檐。平面布置前为柱廊，后接方形满堂柱的经堂。经堂顶部建一圈楼，中为平顶，但有一部分凸起，开天窗为经堂中部采光。经堂后接佛殿，高三或四层。乔克沁殿规模最大，前廊五间，经堂面阔和进深各九间，中间三间见方突起开天窗，殿高四层，是全寺集会诵经之处。喇嘛住宅也是藏式平顶二层楼房，面阔五至七间，大门在南面，室内绕墙建窄炕。

[二十一、布达拉宫]

中国佛教寺院。藏传佛教著名建筑。"布达拉"梵语意为"佛教圣地"。位于西藏拉萨盆地中央突起的红山上。

木石结构，依山势构筑，主楼共 13 层，高 117 米，东西长约 360 米。宫墙用石和三合土砌成，厚 3 米，坚固壮观。宫内有大量壁画、灵塔、雕塑等，是一大艺术宝库。布达拉宫为 7 世纪时吐蕃松赞干布为入藏联姻的文成公主修建。大规模的营建始于 17 世纪。1645 年，五世达赖喇嘛令第巴索南饶丹主持扩建布达拉宫，历时 8 年，建成白宫部分。1653 年，五世达赖自哲蚌寺甘丹颇章迁居布达拉宫。1690 年，第巴桑结嘉措又营建红宫部分。经半个世纪的多次扩建增修，布达拉宫才具有现在的规模。现存布达拉宫最古老的建筑是法王洞。9 世纪时，布达拉宫因吐蕃内乱遭到破坏，仅存法王洞。洞内供养松赞干布和文成公主、尼泊尔尺尊公主等人并列的塑像。

白宫横贯两翼，为达赖喇嘛生活起居地，由布达拉宫正门拾级而上，经过廊道，有一个离地面 60 多米、面积 1600 平方米的广场。过去达赖喇嘛在此观看喜庆活

动。平台东西两边各有楼房，从平台有木梯通往上方宫殿德阳厦（堂）。北佛殿供有五世达赖的坐像，内有达赖读经室。东佛殿（措木钦厦）正中供着格鲁派创始者宗喀巴坐像。其旁有一经堂，供奉宁玛派祖师莲花生。各殿堂长廊摆设精美，布置华丽，墙上绘有与佛教有关的绘画，多出于名家之手。

红宫居中，供奉佛像、松赞干布像、文成公主和尼泊尔尺尊公主像等数千尊。其中以五世达赖喇嘛的灵塔为最大，塔高 14 米，用 3721 千克的黄金和无数珍珠宝石镶嵌。五世达赖喇嘛遗体为坐式，两侧安置着十一世与十二世达赖喇嘛遗骸的小灵塔。西佛殿（司西平措）是五世达赖喇嘛的享堂，也是红宫最大的玄殿，五世达赖喇嘛进京朝见清顺治皇帝的壁画，

五世达赖喇嘛灵塔

处于显要部位。

整个建筑群占地 13 万平方米，房屋数千间，布局严谨，错落有致，体现了西藏建筑工匠的高超技艺。布达拉宫是西藏政教合一政权的中心。每逢节日活动，宫门挤满信仰藏传佛教的各民族佛教徒，成为著名佛教圣地。1990 年 8 月后重修，为中国全国重点文物保护单位。1994 年，作为文化遗产被联合国教科文组织列入《世界遗产名录》。

［二十二、白居寺］

藏传佛教寺院。在中国西藏自治区江孜县。又称班根寺或班古尔却节。布置在南面平地上的总集会殿（藏语称措钦）和大菩提塔（藏语称班根却甸）分别建于 1390 年和 1414 年，至今仍基本保持原状。寺内原有 17 座经学院，均沿后山修建，分属萨迦派（俗称花教）、噶当派（教诫派）、格鲁派（俗称黄教），建筑物大都毁圮。寺门在东南角，南向。寺四周有高大的夯土墙围绕，每隔一段距离设堡垒，防御性很强。寺内原先珍藏大量有历史意义和艺术价值的文物，如甘珠尔经（大藏经的一部分）手抄本，曾是西藏地区一部最完整的标准经文。但在 1904 年英军侵入白居寺时遭劫掠。

总集会殿　共三层。底层中央部分面阔九间，进深七间，有 48 根柱子，四周布置佛殿，北面为主佛殿，面阔五间，进深三间。在主佛殿外两侧和背后有一条可通行的转经廊；第二、三层佛殿外面，也有转经廊。第二层的中部为一大中庭天井，北、东、西三面是佛殿，南面是寺院管理用房。第三层只在天井北面设一座佛殿，内用圆柱承载，天花为六角形图案，画莲瓣和六字真言，形式为西藏其他古建筑中所罕见。各殿内均有精美的佛像、壁画等，与建筑是同时期作品。

大菩提塔　规模宏大，在西藏佛塔中为数不多，相传是布顿大师设计的，集中了多种佛塔的特点。全塔由塔座、塔瓶、塔斗、相轮四部分组成。塔座平面习

大菩提塔

称四面八角形（实际上有 20 个折角），塔座分四层，每层四周都配筑龛室。塔
瓶平面为圆形，也是土坯砌筑的实心体。塔斗建在塔瓶上部，在塔斗的四面门洞上，
各有一对很大的佛眼，形制与尼泊尔的佛塔相似。相轮为圆锥形，外部用镏金铜
皮包裹，内部为两层空室，顶部的伞盖下为一层空室，最上为宝顶，也是铜皮镏金。
全塔总高近 40 米，由东南角龛室内登暗梯可达顶层。环塔设有 108 个门和 76 间
龛室，龛室内均有佛像和壁画。相传全塔佛像（包括壁画上的佛像）约千余种类型，
菩萨像 55 种类型，共约十万尊，因而又称十万佛塔。有些塑像、壁画形象生动，
刀法和笔法均精练有力又活泼流畅。

[二十三、扎什伦布寺]

中国藏传佛教的格鲁派寺院。历代班禅驻锡之地。位于西藏日喀则市尼
色日山下。明正统十二年（1447）由宗喀巴弟子根敦珠巴兴建。

措钦大殿是全寺最古老的建筑之一，也是全寺性活动和讲经的主要场所，可同时容纳2000多名僧人在此念经，殿内设有历代班禅大师的宝座。大殿右侧是慈尊佛堂，大殿的左侧是度母佛堂，供奉白度母金铜像。大殿内还有许多年代久远的壁画，其中包括著名的宗喀巴师徒像、80多位佛教高僧像和各种仙女飞天及菩萨像。这些壁画画工精细、色泽鲜艳，造型优美、别具一格。

弥勒大佛堂和历世班禅灵塔殿是全寺最宏伟的建筑。弥勒大佛堂位于寺庙的西侧，大殿高32米，面积860多平方米，堂内供奉着1914年由九世班禅主持铸造的弥勒佛镀金铜像。弥勒佛，是藏传佛教中最受尊敬的佛之一。这尊佛像高26米多，是世界上现存最大的铜佛像。据史料记载，这尊铜佛像历时4年才完工，共耗用黄金约335千克、黄铜约11.5万千克，还装饰有大小钻石、珍珠、琥珀、珊瑚、松耳石等。为这尊佛像特制的袈裟，使用了绸缎3100米、丝线13千克。在当时的条件下，能在如此短的时间里铸成这样高大而精美的佛像，充分体现了西藏人民的智慧。

该寺有脱桑林、夏孜、吉康、阿巴4个扎仓（经学院）。此外，时轮殿、印经院、汉佛堂等也颇具规模。时轮殿的四壁书架上藏有许多古代藏文经典，供有宗喀巴

及其上首弟子贾曹杰和克主杰的塑像。印经院藏有著名佛经和历世班禅传记的印版，其中以30多卷本的《宗喀巴传》最为有名，流传甚广。

汉佛堂是七世班禅时建造的，堂内陈列清代皇帝赠送给历世班禅的礼品，楼上悬挂乾隆皇帝的巨幅画像，偏殿是清朝驻藏大臣与班禅会见的客厅。堂内除珍藏大量的金银玉器外，还保存着封印、佛像、瓷器、织品等重要文物。

［二十四、塔尔寺］

中国藏传佛教格鲁派寺院。又作金瓦寺、塔儿寺。意为"十万佛像"或"十万狮子吼佛像的弥勒寺"。位于青海省湟中县鲁沙尔镇西南隅。与哲蚌寺、色拉寺、甘丹寺、扎什伦布寺、拉卜楞寺合称格鲁派六大寺院。明嘉靖三十九年（1560），为纪念诞生于此的格鲁派创始人宗喀巴而建。万历五年（1577）和十一年两次扩建，成为格鲁派在甘肃、青海的主要寺院。

最早的建筑及中心建筑为菩提塔和菩提塔殿（俗称大金瓦殿）。大金瓦殿，因屋顶覆镏金铜瓦得名。殿始建于明洪武十二年（1379）。殿中央矗立一座大银塔（菩提塔），高十一米，相传为宗喀巴出生时，家人为其埋葬胎衣之处。殿内莲台上有塑、铸、绘画、堆绣的佛像。殿两侧各有弥勒佛殿一座。其他重要建筑有：

小金瓦殿，为塔尔寺的护法神殿。建于明崇祯四年（1631）。殿内有金刚力士佛像十余尊。院内两侧及前方有两层藏式建筑的壁画廊。

大经堂，是塔尔寺佛事活动最集中的地方，亦即集体礼佛诵经的场所。初建于明万历三十九年（1611），后经几次扩建。1913年遭火灾，1917年重建。为塔尔寺之最大建筑。

大经堂下设四大扎仓（经院）：①参尼扎仓（显宗学院），成立于明万历四十年（1612）；②居巴扎仓（密宗学院），成立于清顺治六年（1649）；③丁科扎仓（时轮学院），成立于清嘉庆二十二年（1817）；④曼巴扎仓（医学院），

塔尔寺八大如意塔

成立于清康熙五十年（1711）。

九间殿，建于明天启六年（1626），是供奉五方如来的地方。殿内有块数百斤重的黑色大石，上有一个脚印及一对手印，传说系宗喀巴所留。

八大如意宝塔，是八座同等大小、并列于塔尔寺入口处的宝塔，各高6.4米，均建于清乾隆四十一年（1776）。为纪念释迦牟尼一生中之八大功德。

大拉浪，亦称大方丈室，在塔尔寺最高处，建于清顺治七年（1650）。是塔尔寺法台（住持）的居处，也是达赖喇嘛、班禅额尔德尼来塔尔寺时的住地。

每年农历正月、四月、六月、九月间举行四大法会，正月十五大法会最为隆重，为全寺之重要宗教活动。寺内的绘画、堆绣和酥油花最为有名，被誉为三绝。1961年公布为全国重点文物保护单位。

[二十五、拉卜楞寺]

　　中国藏传佛教格鲁派寺院。位于甘肃夏河县城西大夏河畔。"拉卜楞"，藏语"拉章"的变音，意为寺主嘉木样活佛的住所。始建于清康熙四十八年（1709）。为甘南藏族地区最大的寺院，与哲蚌寺、色拉寺、甘丹寺、扎什伦布寺及青海塔尔寺合称为格鲁派（黄教）六大寺院。嘉木样一世活佛兴建并住持此寺。正殿供奉释迦牟尼、宗喀巴及历代嘉木样活佛像，经像极为宝贵。寺中最高建筑为弥勒佛殿，另有释迦牟尼殿、护法殿等。寺为甘南藏传佛学之中心。最盛时寺僧达3500多人，下辖寺院108所。

　　全寺有六大扎仓（学院）、十八囊欠（活佛府邸）、十八拉康（大殿）、二经院、一藏经楼、僧舍万余间，占地八十余公顷，建筑精美，规模宏伟。其中，六大扎仓即帖桑琅扎仓（意译闻思学院，俗称大经堂，修显宗）、居万巴扎仓（续部下学院，修密法）、居多巴扎仓（续部上学院，亦修密法）、丁科扎仓（时轮学院，修天文历算）、曼巴扎仓（医药学院，修医药）、季多扎仓（喜金刚学院，

拉卜楞寺风光

修法事）。各扎仓皆由前廊、经堂、佛殿构成。佛殿一般高二层，内供各扎仓本尊佛像。经堂为僧众集体诵经打坐之处，以闻思学院的经堂为最大，可容4000多人，系全寺之中心。

拉康（大殿）为全寺各扎仓僧众集体念经的聚会处。十八佛殿中以寿禧殿规模最大，系六层藏汉结合的宫殿式建筑，内供高约15米的释迦如来像一尊。屋顶金龙盘绕，墙旁铜狮雄踞，外观十分宏伟。其他僧舍，均为藏式平顶建筑。

嘉木样一世是有名的藏传佛教学问僧人，故该寺传统上极重视佛教学术。仅以闻思院为例，其教制一本哲蚌寺果莽扎仓，主要课程为三藏、三学及四大教义（毗婆沙、经部师、唯识师、中观宗），具体要求通五大论（《释正量论》、《般若论》、《中观论》、《俱舍论》、《戒律论》）。包含因明、般若、中观、俱舍和戒律五大部。学级十三阶，学制十五年（第十二年级学三年）。若通过各级考试，可获三种学位：然江巴、朵仁巴、多仁巴。

［二十六、化觉巷清真寺］

中国伊斯兰教清真寺。又称西安清真大寺，俗称东大寺。刻于明万历三十四年（1606）的冯从吾碑记中名清修寺。位于陕西省西安市化觉巷内。始建年代说法不一，一说为明洪武二十五年（1392）由赛哈智奉谕始建，重修于成化二年（1466）。成化十八年（1482）奏请改寺名为敕赐清修寺。此后历经嘉靖元年（1522）、万历三十四年、清乾隆三十年（1765）多次修葺扩建，遂成现今规模。

化觉巷清真寺规模宏大，东西向呈五进系列院落，南北建筑对称，设门楼，厅堂前后贯通。主体建筑为前后大殿、省心楼、凤凰亭、朝阳殿，合称"五凤朝阳殿"。中央凤凰亭为六角形，飞檐尖顶，形若凤头；两侧亭为三角形，左右翘翼，三亭相连呈凤凰展翅状。大殿可容2000人礼拜，殿前两侧内山墙为巨幅砖雕花卉。

化觉巷清真寺

殿壁布满《古兰经》阿拉伯文雕刻。天棚藻井有 600 余幅图画，西壁蔓草花卉套刻阿拉伯文字，均极为精致。寺内存有历代碑碣匾额及香炉、经匣、静物画等宗教文物。著名的有米芾"道法参天地"碑和董其昌书"敕赐礼拜寺"木匾，阿拉伯文"一真"木匾，明景泰六年（1455）"长安礼拜寺天相记碑"，清雍正十年（1732）阿拉伯文"月碑"等。明末清初，该寺曾设有经堂教育机构，是陕西学派培养宗教人才的基地，为陕西穆斯林经堂教育的中心。

［二十七、额敏塔礼拜寺］

在中国新疆维吾尔自治区吐鲁番市东南 2 千米处。清乾隆四十三年（1778）吐鲁番郡王苏赉满为纪念其父额敏和卓而建的礼拜寺，又称苏公塔礼拜寺。

礼拜寺平面略呈方形，布局特点是将礼拜殿、塔（即邦克楼）和住宅等都布置在一幢建筑内。大殿居中，塔置于礼拜寺前右隅，周围安排住房及其他辅助房屋，为较早时期伊斯兰建筑的一种布局形式。

额敏塔全部用砖砌，塔身浑圆，总高约 44 米，直径下部 11 米，上部 2.8 米，中有螺旋形砖梯，上达塔顶。塔身表面用砖砌成各种精美图案。此塔是中国伊斯兰建筑中最为高大的。

礼拜寺大门为新疆地区常见的形式，正中为尖拱形门厅，因南侧有高塔，所以在门两旁不再置柱式邦克楼。门厅上端用土坯砌成穹窿顶。进门中间为礼拜殿，往南可至额敏塔。礼拜

吐鲁番额敏塔

殿面阔5间，进深9间，屋顶高于两侧，上有天窗通风采光。礼拜殿后部正中为神龛，周围有门通各个住室及其他房间。礼拜寺内门窗都做成尖拱状，内部粉刷洁白，很少使用装饰，与满布图案花纹的额敏塔形成强烈对比。

［二十八、明十三陵］

中国明代13个皇帝的陵墓。位于北京市昌平区天寿山下。自明成祖朱棣迁都北京后明代共有14帝，除景帝朱祁钰因故别葬金山外，其他皇帝均葬于此。各陵分别为：成祖长陵、仁宗献陵、宣宗景陵、英宗裕陵、宪宗茂陵、孝宗泰陵、武宗康陵、世宗永陵、穆宗昭陵、神宗定陵、光宗庆陵、熹宗德陵、思宗思陵。始建于成祖永乐七年（1409），止于清初。1956年发掘明定陵。明十三陵整体性强，布局主从分明，在选址和总体规划方面为中国古代陵墓建筑中的成功之作。1961年国务院公布为全国重点文物保护单位。

明十三陵以长陵为中心，坐北面南，以昭穆为序，诸陵依山势布置在天寿山南麓。陵区周围40千米，四周因山设围墙。陵园大门为大红门，门前有石牌坊和下马碑。牌坊为五间六柱，庑殿顶，东西宽33.6米，高10.5米，是中国最大的石坊。门内有神路通各陵。神路中央有"大明长陵神功圣德碑"，碑周围有4个石华表。神路两侧立神道石柱，以及石像生，包括石兽24个，狮子、獬豸、骆驼、象、麒麟、马各4个，都是两卧两立；石人12个，武臣、文臣、勋臣各4个。各陵布局大体相同，均效仿明孝陵首创的以方城明楼为核心，与祾恩殿相结合，分成三进院落的宫殿式陵墓建筑形式。具体布局为：陵门前有无字碑，门内有祾恩门和祭陵用的祾恩殿，殿后有牌楼门和石五供，再后有宝城环绕，宝城上建明楼，楼内石碑上刻着皇帝的庙号、谥号，宝城内封土下为地宫。明长陵建筑规模最大。其祾恩殿面宽九间，进深五间，重檐庑殿顶，台基有三层汉白玉护栏环绕，殿内有32根直径在1米以上的本色楠木巨柱，殿面积1956平方米，雄伟雅洁，为国

明十三陵神路及石像生

明长陵祾恩殿

内所仅见；宝城直径 340 米，周长超过 1 千米。末帝崇祯朱由检用的是田贵妃的墓室，规模最小。各陵陵园左右设神宫监、神马房、祠祭署等。明十三陵归十三陵特区管理。

[二十九、清东陵]

中国清代皇陵区。位于河北省遵化市昌瑞山南麓。清顺治十八年（1661）起在此建陵。后又在易县建陵。此处位东，故称清东陵。有帝陵 5 座，为世祖顺治孝陵、圣祖康熙景陵、高宗乾隆裕陵、文宗咸丰定陵、穆宗同治惠陵。另有慈禧陵等后陵 4 座，以及妃园寝和王爷、皇太子、公主园寝等。1928 年裕陵和慈禧陵地宫被军阀孙殿英盗掘一空，至 1945 年其他各陵也被盗掘。1952 年建清东陵文物保管所负责保护（后改为清东陵文物管理处）。1961 年国务院公布为全国重点文物保护单位。2000 年作为文化遗产被列入《世界遗产名录》。现已成为著名旅游景区。

陵区占地约 2500 平方千米。帝、后、妃陵寝以孝陵为中心，按顺序排列两旁。南面正门为大红门，是孝陵和整个陵区的门户。门前有石牌坊，门内有长达 5.5 千米的神道直通孝陵。门内东侧为更衣殿。从大红门顺神道往北，依次有孝陵圣

慈禧陵梁枋贴金彩画

德神功碑楼，文臣、武将、石兽等18对石像生，龙凤门，神道桥，神道碑亭。碑亭内有镌刻着皇帝庙号和谥号的石碑。神道后段，又分出景陵、裕陵和定陵的神道，通往各陵，唯惠陵无神道。各帝、后陵园形制基本相同：前面隆恩门内为隆恩殿和东西配殿，往后依次有三座门、二柱门和石五供，再后为明楼，最后是宝城、宝顶，宝顶下为地宫。其中慈禧陵的隆恩殿最为豪华，栏杆、陛石采用透雕技法，梁柱用黄花梨木，斗栱、梁枋、天花板上的彩绘和雕砖内壁全部贴金，殿内外64根柱上均有高浮雕金龙盘绕。裕陵地宫规模最大，进深54米，为青白石砌成的拱券式结构，有3室4道石门，墓室四壁及顶部雕刻佛像和经文。

清东陵鸟瞰

[三十、清西陵]

中国清代皇陵区。位于河北省易县城西的永宁山下。清入关后所建二陵中，此陵位西，故称清西陵。始建于雍正八年（1730）。有帝陵 4 座，为世宗雍正泰陵、仁宗嘉庆昌陵、宣宗道光慕陵、德宗光绪崇陵。另有后陵 2 座，后妃合葬墓 1 座，以及妃园寝和王爷、公主园寝等。1938 年，崇陵和崇妃园寝被盗。1952 年建清西陵文物保管所保护（后改为清西陵文物管理处）。1961 年国务院公布为全国重点文物保护单位。2000 年作为文化遗产被列入《世界遗产名录》。现已成为著名旅游景区。

陵区面积 225 平方千米。以并列的泰陵和昌陵为中心，西有慕陵，东有崇陵，布局不如清东陵整齐集中。陵区最南端有大红门，是泰陵和整个西陵的门户。门前有 3 座石牌坊、五孔石桥和下马碑。门内东侧有具服殿。泰陵和昌陵神道建制相同，自门内开始各自分开。神道上往北依次有圣德神功碑亭、七孔桥（桥北神

泰陵全景

道两侧立石望柱 1 对、石像生 5 对）、龙凤门、三路三孔桥、神道碑亭、下马碑和神厨库。神道碑上镌刻皇帝的谥号。慕陵和崇陵没有圣德神功碑亭和石像生。各陵陵寝建制基本相同，前面隆恩门内有隆恩殿及东西配殿，殿后有三座门、二柱门、石祭台，后面为方城、月牙城和宝城。方城上建明楼，楼内立皇帝庙号碑。宝城下为地宫。慕陵无明楼和方城等。